PFLANZENPHYSIOLOGISCHE PRAKTIKA
BAND III

VERSUCHE ZUR BEWEGUNGSPHYSIOLOGIE DER PFLANZEN

VON

DR. L. BRAUNER
PROFESSOR AN DER UNIVERSITÄT MÜNCHEN

UND

DR. W. RAU
PRIV.-DOZENT AN DER UNIVERSITÄT MÜNCHEN

MIT 50 ABBILDUNGEN

SPRINGER-VERLAG
BERLIN · HEIDELBERG · NEW YORK
1966

ISBN-13: 978-3-642-88637-9   e-ISBN-13: 978-3-642-88636-2
DOI: 10.1007/978-3-642-88636-2

Titel-Nr. 6590

Vorwort

Das vorliegende Bändchen soll die Reihe der pflanzenphysiologischen Versuchsanleitungen, die durch das bereits in 2. Auflage vorliegende „Praktikum der Zell- und Gewebephysiologie" von S. STRUGGER schon vor 30 Jahren eröffnet wurde, zum Abschluß bringen. Nachdem unterdessen auch die Stoffwechselphysiologie von PAECH und SIMONIS und die Wachstums- und Entwicklungsphysiologie von RUGE ausführlich dargestellt worden sind, bleibt als letztes größeres Gebiet noch die Bewegungsphysiologie zu behandeln.

Die geschilderten Versuche sollen nicht nur die wichtigsten Erscheinungsformen der physikalischen und der physiologischen Bewegungen vorführen, sondern darüber hinaus auch die Möglichkeit einer Kausalanalyse der Effekte zeigen. Bei der Auswahl der Aufgaben haben wir uns deshalb bemüht, neben „klassischen" Versuchen und solchen, die eine bestimmte Bewegungsreaktion demonstrieren, vor allem auch solche Methoden zu beschreiben, die den Studenten in die quantitativen Arbeitsweisen der modernen Bewegungsphysiologie einführen. Ein Teil der beschriebenen Versuche läßt sich in etwas vereinfachter Form selbst mit den Mitteln für den Biologieunterricht einer höheren Schule durchführen. Es wurde aber auch eine Reihe von Versuchen dargestellt, die einen etwas größeren technischen Aufwand erfordern, weil fortgeschrittenere Studenten auch in kompliziertere Untersuchungsmethoden eingeführt werden sollten, die für eine weitere Aufklärung der Reaktionsmechanismen notwendig sind.

In den meisten Fällen wurde darauf verzichtet, den Versuchen eine theoretische Einführung voranzustellen; nur dort, wo es notwendig erschien, ist das Prinzip der angewendeten Methode kurz beschrieben. Jede Versuchsbeschreibung enthält dagegen das zu erwartende Ergebnis, außerdem, soweit möglich, die Schlußfolgerungen, die sich daraus ziehen lassen. Bei den Literaturangaben haben wir uns bemüht, möglichst denjenigen Autor zu zitieren, der die beschriebene Reaktion zum ersten Mal beobachtet oder ausführlich untersucht hat; zur Unterrichtung über den heutigen Stand unseres Wissens sind dann meist noch die entsprechenden Artikel im „Handbuch der Pflanzenphysiologie" oder die betreffenden neueren Originalarbeiten angegeben. Die wesentlichsten versuchstechnischen Anweisungen finden sich bei jeder Versuchsbeschreibung; Angaben über die Anzucht der verwendeten Versuchspflanzen sind im Anhang zusammengestellt.

Frau Dr. A. Rau-Hund danken wir sehr herzlich für die Hilfe bei der Ausarbeitung vieler Versuche und bei der Korrektur des Textes; die Kollegen in unserem Institut haben uns in dankenswerter Weise mit vielen Hinweisen unterstützt. Den meisten Textabbildungen liegen Originalzeichnungen zugrunde; der Zeichnerin unseres Instituts, Fräulein I. Bohm, sei für ihre verständnisvolle Mitarbeit herzlich gedankt. Fräulein B. Bauer danken wir für ihre sorgfältige Hilfe bei der Fertigstellung des Manuskripts.

München, im März 1966   L. Brauner · W. Rau

Inhaltsverzeichnis

Physikalische Bewegungen

A. Quellungsbewegungen

B. Kohäsionsmechanismen

Physiologische Bewegungen

A. Schleuderbewegungen

B. Tropismen

Anhang

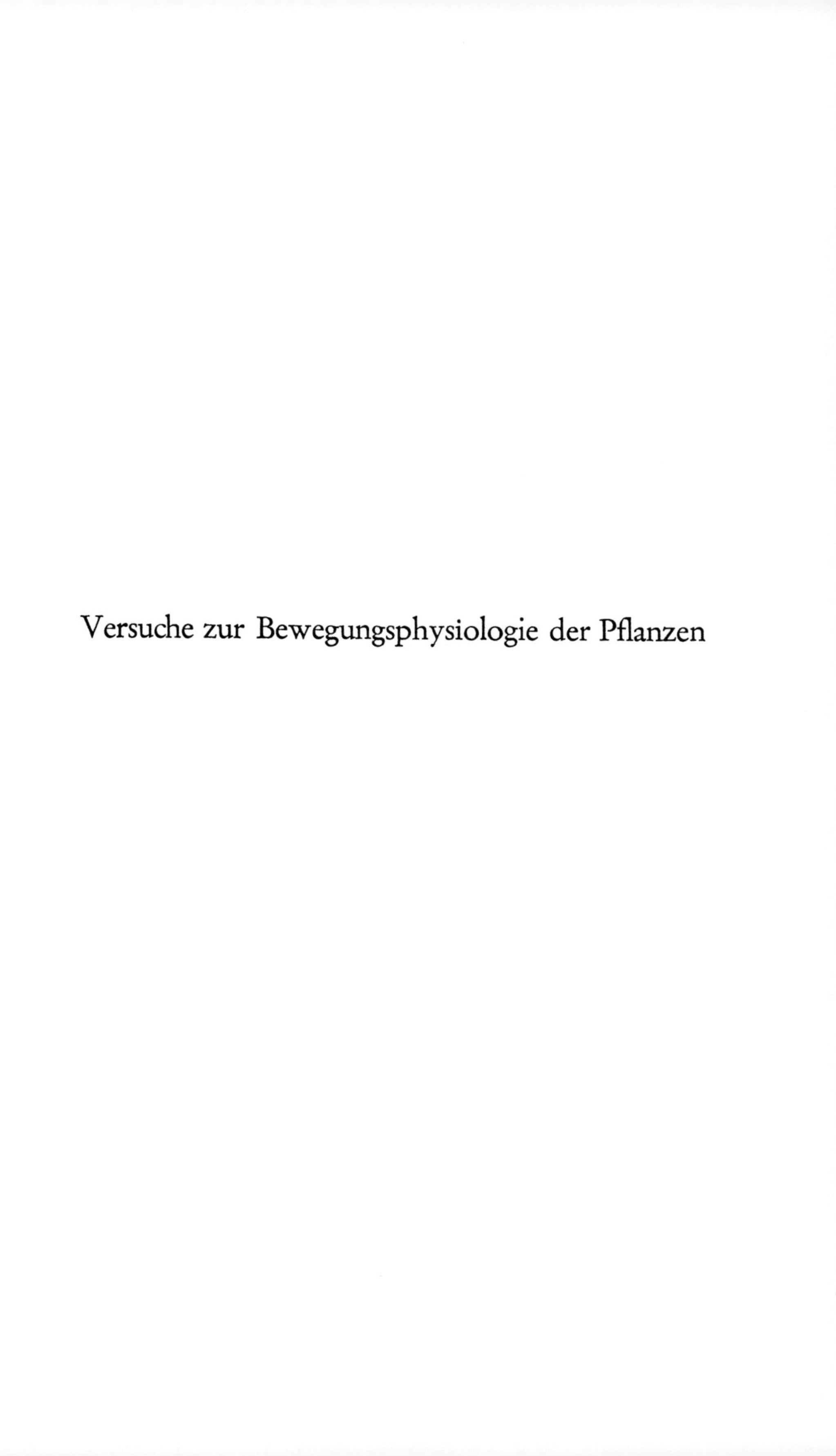

Versuche zur Bewegungsphysiologie der Pflanzen

Physikalische Bewegungen
A. Quellungsbewegungen

Versuch 1

Öffnungs- und Schließbewegungen von Strohblumen
(*Helichrysum bracteatum*)

Pflanzenmaterial: Trockene Strohblumen.

Zubehör: 3 Pulverflaschen (Inhalt etwa 300 ml) mit Korkstopfen; Draht; konz. Schwefelsäure (50 ml); 2 mol. NaCl-Lösung (50 ml); Mikroskop; Präparierzeug.

Zeitbedarf: etwa 2 Std.

Ausführung und Ergebnis

a) Eine trockene Strohblume wird kurz in heißes Wasser eingetaucht. Im Verlauf von wenigen Sekunden schließen sich die abgespreizten Hüllblätter annähernd zu einer Kugel zusammen. Sodann läßt man das Blütenköpfchen an der Luft austrocknen; dabei strecken sich die gekrümmten Blätter wieder gerade und spreizen wie vorher vom Blütenköpfchen ab. Will man den Öffnungsvorgang beschleunigen, so kann man bei erhöhter Temperatur trocknen (Trockenschrank!).

b) Die Abhängigkeit des Öffnungszustandes vom Feuchtigkeitsgrad der Luft läßt sich auf folgende Weise demonstrieren: Von 3 Pulverflaschen wird eine mit 50 ml Wasser, die zweite mit der gleichen Menge konz. Schwefelsäure und die dritte mit 50 ml 2 mol. NaCl-Lösung gefüllt. An drei Korkstopfen, die zu den Pulverflaschen passen, befestigt man auf der Unterseite Drahthäkchen. An den Häkchen hängt man nun je eine Strohblume so auf, daß sie beim Aufsetzen des Korks einige Zentimeter über der Flüssigkeitsoberfläche frei in der Flasche schwebt. Nach 1—2 Std hat sich das über Wasser aufgehängte Blütenköpfchen nahezu geschlossen, über der Schwefelsäure spreizen die Blättchen weit ab (trockene Luft!), und über der NaCl-Lösung nehmen sie eine Mittelstellung ein.

c) Zur Aufklärung des Mechanismus der Bewegung wird der anatomische Aufbau der Hüllblätter untersucht. Man fertigt dazu dünne Quer-

1 Brauner/Rau, Bewegungsphysiologie

schnitte durch die Mitte eines Blättchens an und betrachtet sie in Wasser unter dem Mikroskop. Die Schnitte lassen folgende Eigentümlichkeiten erkennen (Abb. 1): Die Zellen der Unterseite besitzen an ihren Außenwänden stark quellbare Membranverdickungen, die sich weit ins Lumen vorwölben; eine solche Struktur fehlt allen übrigen Blattschichten, vor allem der Epidermis der Oberseite. Wenn das Blatt mit Wasser in Berührung kommt, bedingt diese Asymmetrie des anatomischen Baus eine weit stärkere Quellung der äußeren Epidermis als der Gegenseite. Die Krümmung wird also durch eine verschieden starke Verlängerung der beiden Flanken des Organs verursacht.

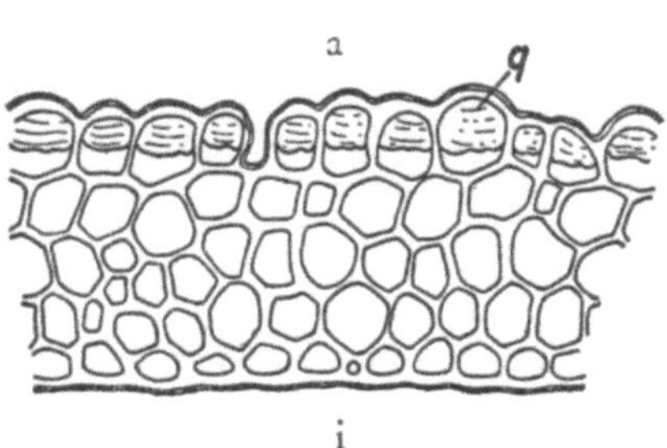

Abb. 1. Querschnitt durch ein Blütenhüllblatt von *Helichrysum bracteatum*. a Außen-, i Innenseite; q Quellkörper

Literatur

BRAUNER, L.: Pflanzenphysiologisches Praktikum. II. Teil, S. 95—96. Jena: G. Fischer 1932.

Versuch 2

<h2 style="text-align:center">Bewegungen der Schuppen von Coniferenzapfen</h2>

Pflanzenmaterial: Reife Zapfen von *Pinus* und *Picea*.

Zubehör: 3 Zylindergläser (etwa 25 cm hoch) mit Korkstopfen; Draht; konzentrierte Schwefelsäure (50 ml); 2 mol. NaCl-Lösung (50 ml).

Zeitbedarf: 3—4 Std.

Der Versuch wird wie in Versuch 1 a) und b) beschrieben ausgeführt. Das Schließen und Öffnen der Zapfen dauert wegen der größeren Dicke der Schuppen länger als die Reaktion der Hüllblätter der Strohblume.

Der Bewegungsmechanismus entspricht weitgehend dem der Strohblume. Die Krümmung der einzelnen Schuppen wird vor allem vom basalen Teil ausgeführt. In dieser Region liegen auf der äußeren Flanke dickwandige Zellen, die in der Längsrichtung der Schuppe gestreckt sind und horizontale Poren besitzen; sie kontrahieren sich bei der Entquellung um 8—10%. Die Innenseite der Schuppe wird von normalen Fasertracheiden gebildet, die sich bei Änderung ihres Quellungszustandes nur um 1—2% verkürzen bzw. ausdehnen können.

Literatur

EICHHOLZ, G.: Jb. wiss. Bot. 17, 543—590 (1886).

v. GUTTENBERG, H.: Handbuch der Pflanzenanatomie. Bd. V., S. 4—71. Berlin: Gebr. Bornträger 1926.

V e r s u c h 3

Öffnungs- und Schließbewegungen des Peristoms der Laubmoose

Pflanzenmaterial: Reife Sporenkapseln von *Funaria* (Alkohol- oder Frischmaterial).

Zubehör: Binokular mit Lampe; Objektträger.

Zeitbedarf: etwa 30 min.

Von den reifen Sporenkapseln werden Kalyptra und Deckel entfernt. Nun trennt man durch einen Querschnitt ungefähr das oberste Viertel der Kapsel ab und setzt das Stück mit der Schnittfläche auf einen Objektträger. Unter dem Binokular sieht man auf diese Weise das Peristom von oben. Seine Zähne sind im feuchten Zustand nach innen geneigt; beim Austrocknen krümmen sie sich, vor allem die des äußeren Peristoms, bogenförmig nach außen. Gibt man nun einen Tropfen Wasser zu, so tritt wieder eine langsame Krümmung nach innen ein. Diese Reaktion läßt sich auch an Alkoholmaterial gut beobachten.

Die Bewegung beruht auch bei diesem Organ darauf, daß dessen Außen- und Innenflanke ihre Länge bei der Quellung und Entquellung verschieden stark ändern. Die Zähne des äußeren Peristoms sind bei *Funaria* aus zwei sehr verschieden strukturierten Schichten aufgebaut. In der dickeren Innenschicht verlaufen die Zellulosefibrillen längs, in der dünneren Außenschicht quer zur Längsachse des Organs. Eine stärkere Längenänderung tritt während der Quellung und der Entquellung nur in der Außenschicht auf.

Literatur

Steinbrink, C.: Flora (Jena) 84, 131—158 (1897).
Straka, H.: Handbuch der Pflanzenphysiologie. Bd. XVII/2, S. 716—835. Berlin-Göttingen-Heidelberg: Springer 1962.

V e r s u c h 4

Schraubenbewegungen der Hülsenklappen von Papilionaceen

Pflanzenmaterial: Reife Hülsen von *Caragana arborescens*.

Zubehör: 3 Pulverflaschen (Inhalt etwa 300 ml) mit passenden Korkstopfen; Kupferdraht; konzentrierte Schwefelsäure, 2 mol. NaCl-Lösung; Mikroskop, Präparierzeug.

Zeitbedarf: 2—3 Std.

Ausführung und Ergebnis

a) Bei den meisten reifen Papilionaceen-Hülsen sind die beiden Klappen in trockenem Zustand zu einer gestreckten Schraube tordiert. Taucht man trockene Hülsenklappen von *Caragana* in heißes Wasser, so strecken sie sich nach kurzer Zeit gerade. Läßt man die Klappen dann wieder austrocknen (Trockenschrank!), so tordieren sie sich erneut. Auch diese Bewegung ist also wie die der Strohblumen vollkommen reversibel.

b) Daß das Ausmaß der Torsion vom Grad der Entquellung abhängt, läßt sich wie im Versuch mit *Helichrysum* dadurch zeigen, daß man das Verhalten der Hülsenklappen in Luft von verschiedenem Feuchtegrad beobachtet (Anordnung wie im Versuch 1 b).

c) Der Mechanismus der Torsionsbewegung erklärt sich ebenso wie die einfachere Bewegung der Hüllblätter von *Helichrysum* aus dem anatomischen Bau des Organs. Zum Verständnis der wirksamen Struktur untersucht man sie mikroskopisch an Präparaten, die folgendermaßen herzustellen sind: Man knickt eine trockene Klappe von innen nach außen, so daß ein schräger, etwa um 45° zur Längsachse geneigter Bruch entsteht. Dünne Schnitte an dieser Bruchfläche zeigen das in Abb. 2 dargestellte Bild. An

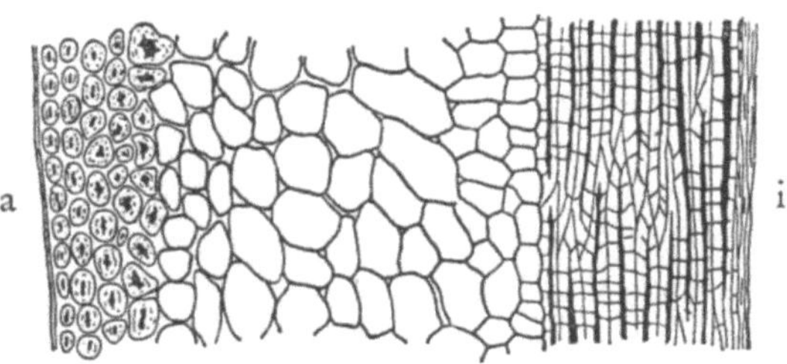

Abb. 2. Querschnitt durch eine Hülsenklappe von *Caragana arborescens*. a Außen-, i Innenseite

der inneren und äußeren Flanke der Hülse liegt je eine Schicht dickwandiger, stark getüpfelter Sklerenchymfasern; diese sind an der inneren Flanke des Schnittes längs getroffen, an der äußeren dagegen quer. Die beiden Faserschichten stehen also senkrecht zueinander. Zwischen ihnen liegt lokkeres, dünnwandiges Parenchymgewebe. Bei Berücksichtigung der gewählten Schnittrichtung ergibt sich, daß die beiden Faserschichten gegen die Längsachse der Hülse um etwa 45° geneigt stehen. Da Sklerenchymfasern vor allem in ihrer Querrichtung quellen und entquellen, müssen die Hauptrichtungen der Längenänderung in den beiden Gegenflanken der Hülsenklappe senkrecht zueinander stehen und gegen die Längsachse der Hülse um etwa 45° geneigt sein. — Die beim Austrocknen beobachtete Torsion der Hülsenhälften ist demnach die Resultante der Kontraktionen der beiden gekreuzten Fasersysteme.

Literatur
Brauner, L.: Pflanzenphysiologisches Praktikum. II. Teil, S. 96. Jena: G. Fischer 1932.

Versuch 5

Modellversuche zur Demonstration hygroskopischer Bewegungen

Zubehör: Schreibmaschinenpapier; wasserlöslicher Klebstoff (z. B. Pelikanol); Schere; Gasbrenner.

Zeitbedarf: etwa 1 Std.

Ausführung

Aus einem Bogen Schreibmaschinenpapier werden nach dem nebenstehenden Schema (Abb. 3) 6 gleichgroße Streifen (etwa 12×2 cm) ausgeschnitten; diese werden kurze Zeit in Wasser eingequollen und dann mit Klebstoff Rücken an Rücken zu folgenden Paaren zusammengeklebt: $1 + 2$, $3 + 4$, $5 + 6$.

Ergebnis

Werden diese Modelle über einer Gasflamme gleichmäßig getrocknet, so krümmt sich das Paar „$1 + 2$" in seiner Querachse rinnenförmig ein, seine Längsachse bleibt jedoch gerade; das Paar „$3 + 4$" rollt sich wie eine Uhrfeder ein, und „$5 + 6$" tordiert sich zu einer langgestreckten Schraube.

Da im Papier die Cellulosefasern bevorzugt in der gleichen Richtung (der „Papierbahn") liegen, besitzen die Streifenpaare ganz ähnliche Quellungseigenschaften wie die in den Versuchen 1, 2, 3 und 4 untersuchten Pflanzenorgane. „$3 + 4$" entspricht der Struktur der Hüllschuppen der Strohblume, der Schuppen des Coniferenzapfens und der Moosperistomzähne; „$5 + 6$" derjenigen der Hülsenklappen von *Caragana*. Der Modellversuch zeigt also, daß die Befähigung zu hygroskopischen Bewegungen auf einer charakteristischen Asymmetrie der Quellbarkeit des Systems beruht.

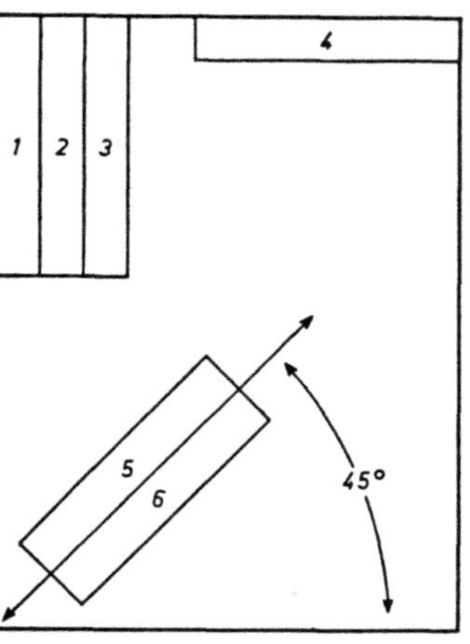

Abb. 3. Schema zu Versuch 5

Literatur

v. Guttenberg, H.: Lehrbuch der allgemeinen Botanik, 4. Aufl., S. 609/610. Berlin: Akademie-Verlag 1955.

Versuch 6

Schraubenbewegung der Grannen von *Erodium*

Pflanzenmaterial: Teilfrüchte von *Erodium cicutarium* (Reiherschnabel).

Zubehör: Kleine Glasplatte (etwa 5×5 cm); Kork; Picein; Glasschale mit Deckel (etwa 10 cm $\varnothing$, 5 cm hoch).

Zeitbedarf: etwa 1 Std.

Ausführung

Auf einer Glasplatte (etwa 5×5 cm) wird mit Picein ein kleines Korkstückchen aufgekittet. In einem Loch auf der Oberseite des Korks befestigt man eine Teilfrucht von *Erodium* mit ihrem Samenfach so, daß der schraubige Basalteil der Granne senkrecht nach oben gerichtet ist, und ihr freies

Ende seitlich wegsteht (Abb. 4). Nun stellt man das ganze Präparat in eine Glasschale und füllt diese so hoch mit warmem Wasser, daß die Grannenbasis eben eintaucht.

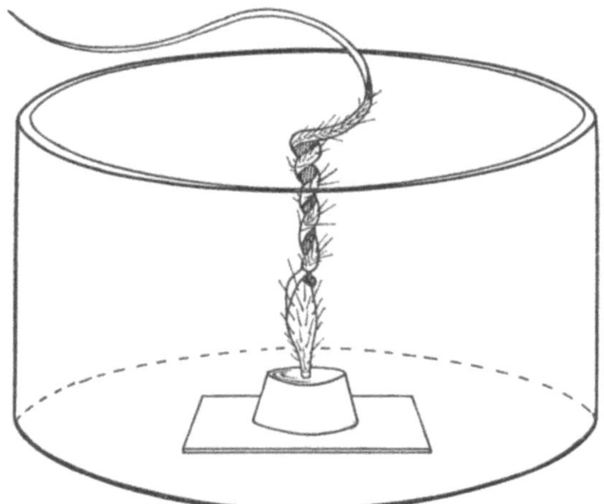

Abb. 4. Versuchsanordnung bei Versuch 6

Ergebnis

Schon kurze Zeit nach der Befeuchtung beginnt die horizontal abstehende Grannenspitze sich im Kreis zu bewegen. Unter günstigen Bedingungen dauert eine Umkreisung nur 1—2 min.

Die Bewegung, die sich längere Zeit, bis zur völligen Aufrollung der Grannenschraube fortsetzt, wird durch den Aufbau der Granne aus mehreren, verschieden strukturierten Faserschichten verursacht. Beim Austrocknen verkürzen sich die äußeren Schichten, die inneren tordieren sich. Dabei rollt sich das ganze System schraubig ein. Bei Befeuchtung strecken sich alle Schichten wieder gerade.

Literatur
STEINBRINCK, C.: Biol. Centralbl. 26, 721—844 (1906).

Versuch 7

Bewegungen der Hapteren von *Equisetum*-Sporen

Pflanzenmaterial: Reife Sporen von *Equisetum*-Arten.
Zubehör: Mikroskop; Objektträger; Glycerin.
Zeitbedarf: 10—20 min.

Ausführung und Ergebnis

Auf einen Objektträger, der mit einer Spur Glycerin bestrichen ist (zum Festkleben der Sporen), bringt man einige *Equisetum*-Sporen und betrachtet sie unter dem Mikroskop ohne Deckglas. Die beiden Hapteren sind in trokkenem Zustand fast vollständig ausgestreckt. Haucht man sie vorsichtig an, so rollen sie sich um die Spore ein; diese Bewegung erfolgt äußerst rasch. Beim Austrocknen strecken sich die Hapteren etwas langsamer wieder aus.

B. Kohäsionsmechanismen

Versuch 8

Die Öffnungsbewegung von Farnsporangien

Pflanzenmaterial: Reife, noch nicht aufgesprungene Sporangien von Polypodiaceen (*Polypodium vulgare, Dryopteris filix mas, D. goldiana*).

Zubehör: Mikroskop; Präparierzeug; Glycerin.

Zeitbedarf: etwa 30 min.

Ausführung und Ergebnis

a) Einige reife, aber noch nicht aufgesprungene Sporangien werden auf einen trockenen Objektträger gebracht und unter dem Mikroskop beobachtet. Beim Austrocknen der Kapseln verlieren auch die in diesem Stadium noch lebenden Zellen des Anulus langsam ihr Füllwasser. Da sich dieses wegen der sehr hohen Kohäsions- und Adhäsionskräfte im System weder von den Wänden lösen noch selbst zerreißen kann, muß es dabei zu einer Schrumpfung der ganzen Anulus-Zelle kommen. Nun ist deren Außenwand viel dünner als ihre übrigen Wände. Ein Volumverlust führt deshalb zur Entstehung einer tangentialen Zugspannung in der Kapselwandung. Unter deren Wirkung wird das Sporangium schließlich an einer vorgebildeten Stelle, dem Stomium quer durchrissen, und der Anulus mit der oberen Hälfte des Sporangiums schlägt sich langsam nach hinten um. In diesem Stadium sind die Anulus-Zellen bereits stark deformiert: die unverdickte Außenwand ist tief nach innen eingebogen, die antiklinalen Wände haben sich dabei an der Außenseite sehr genähert. Durch die fortschreitende Deformation der Zellwände ist die Flüssigkeit im Zellinneren einer ständig wachsenden Zugspannung ausgesetzt. Schließlich wird die Kohäsionskraft des Füllwassers überwunden: die Flüssigkeit zerreißt, und die Zellen nehmen durch die Federspannung ihrer Wände wieder ihre ursprüngliche Form an. Da dieser Vorgang meist in allen Zellen gleichzeitig eintritt, schnellt das gesamte System in seine Ausgangslage zurück: „Springen" des Anulus. Durch diese ruckartige Bewegung wird meistens das ganze Sporangium aus dem Gesichtsfeld geschleudert. Will man das „Springen" fortlaufend beobachten, so empfiehlt sich die folgende Versuchsanordnung:

b) Die Sporangien werden in einem Wassertropfen auf den Objektträger gebracht und mit einem Deckglas bedeckt. Nun ersetzt man durch vorsichtiges Durchsaugen das Wasser allmählich durch Glycerin; dieses entzieht den

Anulus-Zellen das Wasser osmotisch. Die Bewegung läuft dabei in der selben Weise ab wie beim Austrocknen. Durch die Viscosität des Glycerins wird aber die Geschwindigkeit des „Springens" so stark gebremst, daß der ganze Vorgang im gleichen Gesichtsfeld beobachtet werden kann (Abb. 5).

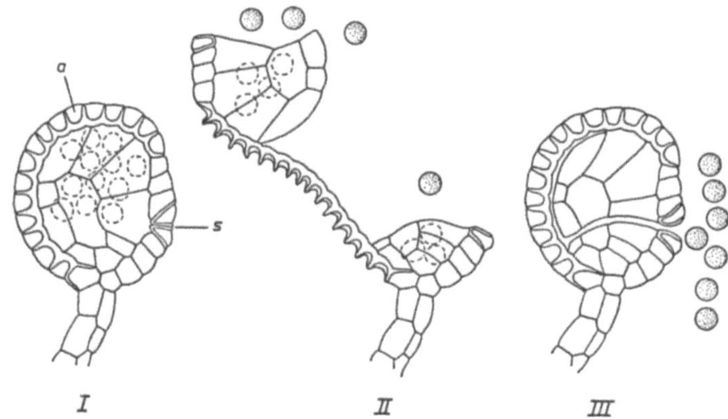

Abb. 5. Kohäsionsbewegung von *Dryopteris goldiana*. I. Geschlossenes Sporangium, II. nach dem Aufreißen und Zurückbiegen durch die Zugspannung im verdunstenden Füllwasser der Anuluszellen, III. nach dem plötzlichen Zurückschlagen infolge der Überwindung der Zerreißfestigkeit („Kohäsion") des Füllwassers; *a* Anulus; *s* Stomium (nach RENNER, HAIDER, HABERLANDT, STOCKER u. a.; etwas verändert)

Literatur

RENNER, O.: Jb. wiss. Bot. **56**, 617—667 (1915).
—: Z. Naturforsch. **14b**, 404—410 (1959 b).
STEINBRINCK, C.: Ber. dtsch. Bot. Ges. **16**, 57—103 (1898).
—: Ber. dtsch. Bot. Ges. **21**, 217—229 (1903).
URSPRUNG, A.: Ber. dtsch. Bot. Ges. **33**, 153—162 (1915).

Versuch 9

Der Öffnungsmechanismus der Antheren

Pflanzenmaterial: Reife, eben aufgesprungene Antheren von *Hemerocallis, Lilium* oder anderen Arten mit großen Staubblättern.

Zubehör: Mikroskop; Präparierzeug; 4 gew. mol. Rohrzuckerlösung; Plastilin.

Zeitbedarf: etwa ½ Std.

Ausführung und Ergebnis

Von reifen, aufgesprungenen Antheren werden nicht zu dünne Querschnitte angefertigt, in Wasser auf einen Objektträger gebracht und mit einem Deckglas bedeckt, das als Stützen an den Ecken „Füßchen" aus Plastilin besitzt. Unter dem Mikroskop sieht man, daß die Fächer der Pollensäcke sich nach kurzer Zeit wieder geschlossen haben. Nun saugt man langsam 4 gew. mol. Rohrzuckerlösung durch das Präparat und beobachtet dabei ständig. Mit zunehmender Zuckerkonzentration krümmen sich die Pollensackwände immer mehr nach außen und sind zuletzt gegensinnig statt nach innen nach außen zu einem Kreis gebogen. Ersetzt man die Zuckerlösung wieder langsam durch Wasser, so schließt sich die Anthere abermals. Die Öffnungs- und Schließbewegung läßt sich mehrmals wiederholen.

Der Bewegungsvorgang beruht auf dem gleichen Prinzip wie die Öffnung des Farnanulus (Versuch 8). Die Zellen der Faserschicht ziehen sich entsprechend der Anordnung ihrer Verdickungen bei Wasserverlust unter Einfaltung der dünnen Partien ihrer Längswände so zusammen, daß nur ihre Außenwand verkürzt wird. Anders als beim Farnanulus kommt es hier nach Überwindung der Kohäsion des Füllwassers in der Regel nicht zu einem Zurückspringen in die Ausgangsstellung.

Literatur

v. Goebel, K.: Entfaltungsbewegungen der Pflanzen. 1. Aufl., S. 339. Jena: G. Fischer 1920.
Hannig, E.: Jb. wiss. Bot. 47, 186—218 (1909).
Steinbrinck, C.: Ber. dtsch. Bot. Ges. 16, 97—103 (1898).

Versuch 10

Bewegung der Roll- und Faltblätter von Gräsern

Pflanzenmaterial: Blätter von *Dactylis glomerata, Glyceria aquatica, Sesleria coerulea, Festuca glauca* oder anderen Gramineen mit Gelenken.

Zubehör: Mikroskop; Präparierzeug; konz. Rohrzuckerlösung; Plastilin.

Zeitbedarf: etwa ½ Std.

Ausführung und Ergebnis

Die Grasblätter werden nach dem Abschneiden in Wasser, das einen Tropfen Entspanner (Tween, Pril oder ähnliches) enthält, gelegt. Man zieht nun die Blätter unter Wasser in der Längsrichtung zwischen den Fingern durch; dadurch läßt sich die störende Luft aus den Längsrillen der Blattoberseite entfernen. Von den gut benetzten Blättern fertigt man nicht zu dünne Querschnitte an, bringt sie in entspanntem Wasser auf einen Objektträger und bedeckt sie mit einem Deckglas, das an den Ecken mit Stützen aus Plastilin versehen wurde. Die mikroskopische Beobachtung zeigt, daß die beiden Blatthälften im Wasser maximal auseinander spreizen. Nun saugt man langsam konz. Zuckerlösung durch das Präparat und beobachtet dabei die Schnitte ständig. Mit zunehmender Zuckerkonzentration rollen oder falten sich die Blätter zusammen (Abb. 6). Die Formveränderung hängt von der Zahl und Anordnung der Gelenke ab: Faltung bei Blättern von *Dactylis glomerata* und *Glyceria aquatica*, die ein symmetrisches Gelenkpaar auf der Oberseite der Mittelrippe besitzen; Einrollung bei *Sesleria coerulea* oder *Festuca glauca*, die auf der Oberseite beider Blatthälften mehrere Gelenke ausgebildet haben.

Ersetzt man die Zuckerlösung wieder langsam durch Wasser, so entrollen oder entfalten sich die Blätter wieder. Die Bewegung läßt sich bei langsamer und vorsichtiger Konzentrationsänderung mehrmals wiederholen.

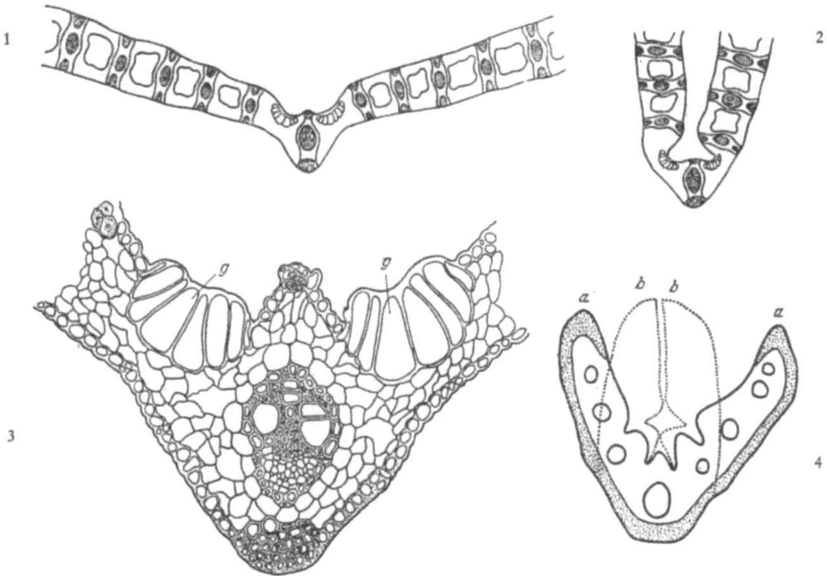

Abb. 6. Falt- und Rollblätter von Gramineen. 1—3 Querschnitte durch das Faltblatt von *Glyceria aquatica;* 1 ausgebreitet, 2 eingefaltet, 3 stärker vergrößerter Ausschnitt der Mittelrippe mit den beiden Gelenken (g). — 4 Schematischer Querschnitt durch das Rollblatt von *Festuca glauca; a* geöffnet, *b* geschlossen (1—3 nach GOEBEL, 4 nach TSCHIRCH)

Der Bewegungsvorgang beruht auf einem kombinierten Kohäsions- und Quellungsmechanismus. Bei Wasserverlust durch Transpiration (im Versuch durch osmotischen Wasserentzug ersetzt) kontrahieren sich die Mesophyllzellen, während die stärker verdickte Epidermis sowie das angrenzende Sklerenchymgewebe nur eine geringe Volumänderung der Blattunterseite gestatten. Die großen, dünnwandigen Zellen der Gelenke auf der Blattoberseite werden dabei zusammengedrückt und wirken vermutlich nicht aktiv mit, sondern erleichtern nur die Bewegung wie mechanische Scharniere.

Literatur

BURSTRÖM, H.: Bot. Notiser **1942**, 351—362 (1942).
GOEBEL, K.: Entfaltungsbewegungen der Pflanzen. 2. Aufl., S. 129 ff. Jena: G. Fischer 1924.
STRAKA, H.: Handbuch der Pflanzenphysiologie. Bd. XVII/2, S. 773—777. Berlin-Göttingen-Heidelberg: Springer 1962.

Physiologische Bewegungen

A. Schleuderbewegungen

Versuch 11

Spritzmechanismus von *Ecballium elaterium* (Spritzgurke)

Pflanzenmaterial: Reife Früchte von *Ecballium* (günstigste Jahreszeit Juli—September).

Zeitbedarf: etwa ½ Std.

Ausführung und Ergebnis

Reife, noch am Stiel sitzende Früchte von *Ecballium* hebt man mit einem Stab an der Spitze etwas nach oben. Spritzgurken, die den richtigen Reifegrad haben, lösen sich durch diese Deformation plötzlich vom Stiel ab. Der flüssige Inhalt der Frucht mit dem Samen wird aus dem entstandenen Loch bis zu mehreren Metern weit ausgespritzt; durch den Rückstoß fliegt die Gurke selbst in die entgegengesetzte Richtung.

Schneidet man eine unreife Frucht längs durch, so sieht man unter der grünen, stacheligen Oberflächenzone eine mehrere mm dicke weiße Schicht. Durch ihren Aufbau aus dickwandigen Zellen besitzt sie große Zugfestigkeit und zugleich Elastizität. Der zentrale Hohlraum wird von einem Parenchymgewebe ausgefüllt, das in reifem Zustand einen hohen Turgordruck entwickelt und dadurch die Fruchtwand dehnt. Bei der Reife entwickelt sich zwischen Fruchtwand und -stiel ein Trennungsgewebe, an dem sich die Verbindung bei ausreichend hohem Innendruck (etwa 3 atm) löst (Abb. 7).

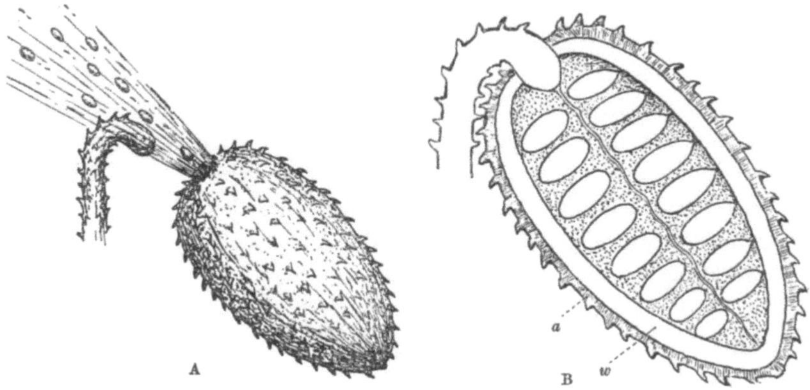

Abb. 7 A u. B. *Ecballium elaterium,* Spritzgurke. A Reife Frucht im Augenblick des Abspritzens des Fruchtfleisches mit den Samen (etwa natürliche Größe). B Längsschnitt durch die Frucht (schematisch); *a* Grünes Außengewebe der Fruchtwand; *w* Widerstandsgewebe (nach OVERBECK aus STRAKA, 1962)

Literatur

v. Guttenberg, H.: Ber. dtsch. Bot. Ges. **33**, 20—37 (1915).

Overbeck, F.: Planta **10**, 138—169 (1930).

Straka, H.: Handbuch der Pflanzenphysiologie. Band XVII/2, S. 782—798. Berlin-Göttingen-Heidelberg: Springer 1962.

Versuch 12

Schleuderbewegung von *Impatiens* (Springkraut)

Pflanzenmaterial: Fruchtende Pflanzen von *Impatiens parviflora, I. balsamina* oder *I. scabrida.*

Zubehör: Mikroskop; Präparierzeug.

Zeitbedarf: etwa 30 min.

Ausführung und Ergebnis

Die Fruchtkapsel der erwähnten *Impatiens*-Arten besteht aus 5 miteinander verwachsenen Klappen. Drückt man reife Kapseln mit den Fingern an der Spitze leicht zusammen, so lösen sich die einzelnen Klappen an vorgebildeten Trennungszonen voneinander und von ihrer Ansatzstelle am Fruchtstiel und rollen sich dabei uhrfederartig ein. Die Bewegung erfolgt so rasch, daß die Klappen dabei wegspringen („Springkraut!"); beim schnellen Einrollen schlagen die Klappen gegen die Samen, die im oberen Teil der Kapsel an einer zentralen Placenta sitzen, und schleudern sie dadurch fort.

Die Bewegung beruht auf einem plötzlichen Ausgleich einer turgorbedingten Gewebespannung. Betrachtet man eine gesprungene Klappe, so sieht man, daß die Außenseite konvex, die Innenseite konkav geworden ist. Die mikroskopische Untersuchung von Quer- und Längsschnitten zeigt, daß sich auf der Außenseite der Klappenwand ein mehrschichtiges Schwellgewebe befindet, dessen Zellen vor dem Abschleudern einen sehr hohen Turgordruck entwickeln. An der Innenseite der Wand liegen dagegen längsgestreckte Sklerenchymfasern, die durch das turgeszente Schwellgewebe um etwa 10% gedehnt werden. Bei der Trennung der Klappen ziehen sie sich zusammen, während das Schwellgewebe sich durch die Abrundung seiner Zellen in der Längsrichtung um mehr als 30% ausdehnt.

Literatur

Overbeck, Fr.: Jb. wiss. Bot. **63**, 467—500 (1924).

Straka, H.: Handbuch der Pflanzenphysiologie. Bd. XVII/2, S. 716—835. Berlin-Göttingen-Heidelberg: Springer 1962.

B. Tropismen

I. Geotropismus

1. Turgorgeotropismus

Versuch 13

Geotropische Reaktion der Blattgelenke von *Phaseolus*

Pflanzenmaterial: *Phaseolus vulgaris* (Anzucht siehe Anhang S. 131).

Zubehör: Holzstäbe; Draht (etwa 1 mm dick); Bindebast; Gips; Glasfäden; Stativmaterial.

Zeitbedarf: 3—4 Std.

Ausführung

Bei diesem Versuch soll das geotropische Verhalten des oberen Blattgelenks untersucht werden. Um eine Störung der Messung durch eine gleichzeitige Bewegung des unteren Gelenks zu vermeiden, muß man daher den Stiel des zu untersuchenden Blattes mechanisch fixieren. Dazu wird neben dem Sproß ein Holzstab in die Erde gesteckt, an dem man einen etwa 1 mm dicken Draht von der Länge des Blattstiels in dessen Neigungswinkel befestigt hat. Mit angefeuchteten Baststreifen wird der Sproß am Holzstab selbst, der Blattstiel unterhalb des apikalen Gelenks am oberen Ende des Drahtes angebunden. Um ein Herausgleiten der Erde aus dem Topf beim Inversstellen der Pflanze zu verhindern, wird die Erdoberfläche mit einer Schicht von schnell erstarrendem Gipsbrei übergossen.

Schließlich wird eines der beiden Primärblätter mit einem Ablesezeiger versehen; als solcher dient ein dünner etwa 18 cm langer Glasfaden, den man auf der Oberseite der Mittelrippe mit geschmolzener Kakaobutter an der Mittelrippe so anklebt, daß sein unteres Ende etwa 2 cm vom Gelenk entfernt ist. Die Gesamtlänge des Zeigers beträgt demnach etwa 20 cm. Nun befestigt man den Topf der Pflanze mit einer geeigneten Klammer über ein Drehgelenk an einem schweren Stativ und bringt hinter dem freien Ende des Zeigers eine bogenförmige Skala an (vgl. Abb. 8). Um die durch die Vorbereitungsarbeiten verursachten Erschütterungsreize rechtzeitig abklingen zu lassen, sollen die Pflanzen bereits einen Tag vor dem Versuch montiert werden.

Zur Verringerung von Störungen durch die tagesperiodischen Blattbewegungen (siehe Versuch 71) wird der Versuch zweckmäßigerweise am frühen Vormittag ausgeführt; das Blatt behält zu dieser Zeit seine „Tagesstellung" ohne größere Schwankungen bei. Um die Reaktion auszulösen, führt man die Pflanze am Drehgelenk in die Inversstellung über.

Die Bewegung des Blattes wird durch Ablesungen in Abständen von 10 min 2—3 Std lang verfolgt.

Ergebnis

Fast unmittelbar nach der Inversstellung beginnt sich das Blatt zu senken und erreicht nach etwa 20 min seinen tiefsten Stand (Senkung 8—10° gegenüber der Ausgangslage). Nach dieser Vorphase kehrt sich der Bewe-

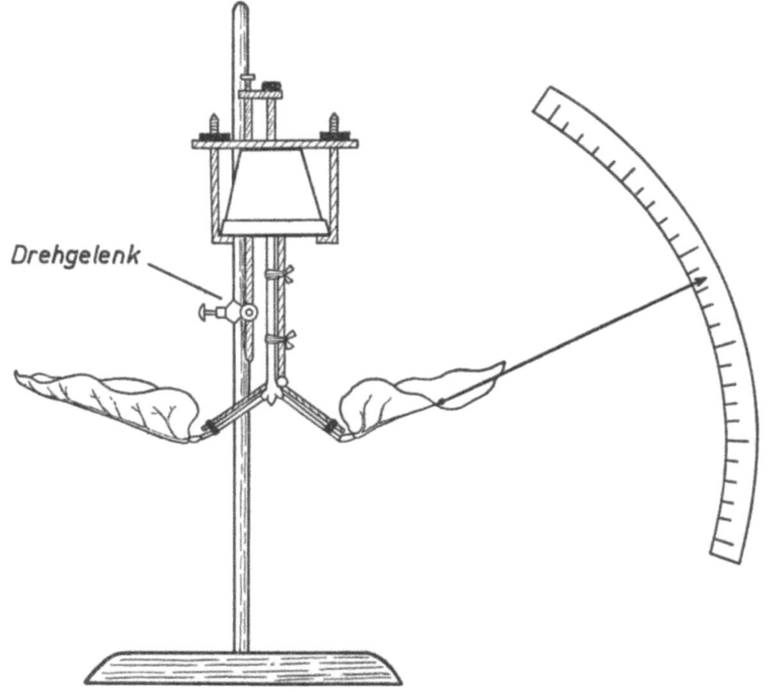

Abb. 8. Anordnung des Versuchs 13 (nach ARSLAN)

gungssinn um, und das Blatt beginnt sich erst langsam, nach einiger Zeit kräftiger und mit nahezu konstanter Geschwindigkeit zu heben; nach 2—3 Std wird ein Winkel von 40—60° gegenüber der Ausgangslage erreicht.

Literatur

ARSLAN, N.: Rev. Fac. Sc. Univ. Istanbul, Serie B, *XIV*, 198—242 (1949).

2. Wachstumsbedingter Orthogeotropismus

α) *Beobachtung und Messung des Phänomens*

Versuch 14

Demonstration des negativen und des positiven Geotropismus

Pflanzenmaterial: Keimpflanzen von *Helianthus annuus;* angekeimte Samen von *Vicia faba* und von *Lepidium sativum*.

Zubehör: Glaströge; Glasplatten; Kork; Picein; dunkles Fließpapier.

Zeitbedarf: *Helianthus* etwa 6 Std, Wurzeln etwa 1 Tag.

Ausführung und Ergebnis
a) Negativer Geotropismus

Keimpflanzen von *Helianthus annuus* (Anzucht siehe Anhang S. 130) werden mit ihren Zylindergläschen in Horizontalstellung an einem Stativ befestigt. Zum Vergleich werden daneben entsprechende Pflanzen vertikal aufgestellt. Zur Vermeidung phototropischer Störungen setzt man den Versuch am besten in einer Dunkelkammer an. Nach etwa 6 Std haben sich die Hypokotyle senkrecht aufgerichtet.

b) Positiver Geotropismus

Samen von *Vicia faba* oder *Pisum sativum* werden über Nacht eingequollen und am nächsten Morgen mit der Mikropyle nach unten in feuchtes Sägemehl gesteckt. Zum Versuch werden Samen mit möglichst geraden Keimwurzeln von 2—3 cm Länge gewählt. Als Versuchsgefäß verwenden wir einen schmalen Glastrog (günstiges Format 15 × 15 × 5 cm). Eine in das Gefäß passende quadratische Glasplatte dient zur Befestigung der Samen. Dazu werden etwa 5 cm von einer Kante der Scheibe entfernt eine Reihe von Korkwürfeln mit Picein auf die Glasfläche aufgekittet. Die Samen befestigt man mit Stecknadeln am Kork, wobei darauf zu achten ist, daß die Kotyledonen horizontal stehen (Vermeidung einer Störung der geotropischen Reaktion durch Nutationskrümmungen!). Die Wurzeln orientiert man bei den einzelnen Keimlingen in verschiedener Richtung: horizontal, vertikal nach unten und nach oben sowie schräg. Die Glasplatte wird nunmehr in die Küvette eingestellt. Zur Feuchthaltung kleidet man deren Innenflächen mit Filterpapier aus und füllt den Trog etwa 1 cm hoch mit lauwarmem Wasser. Das fertig beschickte Gefäß wird schließlich mit einem passenden Deckel verschlossen und im Dunkeln bei etwa 20° C verwahrt. Nach 6—8 Std haben sich die Wachstumszonen sämtlicher Wurzeln bereits um etwa 70° nach unten gekrümmt: positiver Geotropismus.

c) Demonstration des geotropischen Verhaltens von Sproß und Wurzel der gleichen Pflanze

Hierzu eignen sich am besten Keimpflänzchen von *Sinapis* oder *Lepidium*. Die Samen werden zunächst in einer Petrischale auf feuchtem Filtrierpapier angekeimt, bis die Wurzeln eine Länge von einigen Millimetern erreicht haben. Nun wird eine quadratische Glasscheibe von etwa 20 cm Kantenlänge mit dunklem Fließpapier umwickelt und angefeuchtet. Auf das Papier werden mehrere Keimlinge nebeneinander so aufgelegt, daß ihre

Wurzeln parallel zur gleichen Kante der Glasscheibe orientiert sind und mit ihren Spitzen in die gleiche Richtung weisen. Die so vorbereitete Glasplatte wird nun wie im vorigen Versuch in einen passenden Glastrog so eingesetzt, daß die Pflänzchen sich in normaler Vertikalstellung befinden. Eine besondere Befestigung der Keimlinge erübrigt sich, da die Samen durch ihre Schleimschicht und durch die sich bald entwickelnden Wurzelhaare auch an der senkrecht gestellten Papierfläche haften bleiben. Der Trog wird schließlich mit einem Glasdeckel verschlossen und im Dunkeln verwahrt.

Nach einem weiteren Tag haben die Wurzeln bereits eine Länge von etwa 20 mm erreicht, die Hypokotyle eine Höhe von ungefähr 15 mm. Nun wird die Glasplatte aus der Küvette herausgenommen, in der Vertikalebene um 90° gedreht und in dieser neuen Stellung, in der alle Keimlinge horizontal liegen, sogleich wieder in den Glastrog eingesetzt. Nach etwa 12 Std hat sich die Wachstumszone der Wurzeln bereits um etwa 80° nach unten, die der Hypokotyle vertikal nach oben gekrümmt. Die am Längenwachstum kaum mehr beteiligte Mittelzone des Keimlings ist dagegen gerade in der Horizontallage verblieben.

Versuch 15

Nachweis der aktiven Natur der positiven geotropischen Krümmung

Pflanzenmaterial: Angekeimte Samen von *Vicia faba* mit etwa 25 mm langer Wurzel.

Zubehör: Kräftige Glasschale von etwa 10 cm Durchmesser und 5 cm Höhe; Kork; Picein; Stecknadeln; Quecksilber.

Zeitbedarf: Vorbereitung etwa $^1/_2$ Std, Reaktionsdauer 1 Tag.

Ausführung

In den inneren Rand der Glasschale kitten wir mit Picein einen Korkwürfel von etwa 15 mm Kantenlänge fest auf. Auf diesem wird nun ein gekeimter Same von *Vicia faba* mittels einer kräftigen Stecknadel so befestigt, daß die Keimwurzel etwa in halber Höhe des Gefäßes horizontal steht. Der Samen ist dabei so zu orientieren, daß die Kotyledonen horizontal liegen. Jetzt wird die Schale mit reinem Quecksilber so hoch gefüllt, daß dessen Oberfläche die Wurzel von unten eben berührt. Schließlich bedeckt man die Quecksilberfläche etwa 10 mm hoch mit Leitungswasser und schließt die Glasschale mit einem passenden Glasdeckel ab.

Ergebnis

Nach einem Tag ist deutlich zu erkennen, daß die Spitze der Wurzel bei ihrer geotropischen Abwärtskrümmung annähernd senkrecht in das Quecksilber eingedrungen ist. Sie konnte also den erheblichen Widerstand des Metalls (das spez. Gewicht von Hg ist etwa 13mal größer als das des Gewebes!) aktiv überwinden.

Literatur

Sachs, J.: Vorlesungen über Pflanzenphysiologie. S. 846. Leipzig: W. Engelmann 1882.

Versuch 16

Registrierung des Verlaufs der geotropischen Krümmung

Pflanzenmaterial: Keimpflanzen von *Helianthus* (Anzucht siehe Anhang S. 130); angekeimte Samen von *Phaseolus multiflorus* oder *Pisum sativum* (Wurzeln).

Zubehör: Stative; Drehmuffen; Rahmen zum Einspannen des Registrierpapiers; Transparentpapier; Photopapier; Entwicklungseinrichtung. Für die Versuche mit Wurzeln Spiegelglasküvette mit Glasplatte.

Zeitbedarf: Negativer Geotropismus etwa 3 Std; positiver Geotropismus etwa 24 Std.

a) Verlauf der negativen Reaktion von Helianthushypokotylen

Ausführung

1. Zeichnerische Registrierung

In einer Dunkelkammer wird auf einem langen, schmalen Tisch an einem Ende eine tropistisch unwirksame Lichtquelle montiert (orange Glühbirne oder grünes Sicherheitslicht; siehe Anhang S. 134). Etwa 1 m von ihr entfernt stellt man in der Höhe der Lampe den an einem Stativ wie im Versuch 14 a an einer Drehmuffe befestigten *Helianthus*-Keimling auf. Die Pflanze soll so orientiert werden, daß nach ihrer Horizontalstellung die Medianebene der Kotyledonen senkrecht steht. Auf der lichtabgewandten Seite wird schließlich eine transparente Zeichenfläche an einem festen Stativ montiert, das man am besten mit einer Schraubzwinge auf der Tischplatte befestigt. Als Zeichenfläche verwendet man eine nicht zu dünne Glasplatte (20 × 30 cm) in einem Holzrahmen, der seitlich einen kurzen Eisenstab zum Einschrauben in die Stativmuffe, und auf der Rückseite wie ein Kopierrahmen 2 Federklammern zum Festspannen des Zeichenpapiers (Transparentpapier) trägt. Die Versuchspflanze soll möglichst nahe vor der Glasscheibe stehen, ohne sie jedoch zu berühren. Wird die Lampe eingeschaltet, so entsteht auf dem Papier ein scharfes Schattenbild der Pflanze, dessen Kontur mit einem spitzen, weichen Bleistift nachgezeichnet werden kann.

Um den zeitlichen Verlauf der Krümmungsreaktion im Sinne einer Zeitrafferaufnahme zu registrieren, zeichnen wir vom Beginn der Horizontalstellung an alle 15 min ein Schattenbild und verschieben dann das Papier im Rahmen um einen entsprechenden Abstand. Am Ende der etwa 3stündigen Versuchszeit ist so eine Bilderfolge entstanden, die die Entwicklung der geotropischen Aufrichtung bis zur Vertikalstellung wie ein Kinematogramm darstellt.

2. Photographische Registrierung

Eine Gruppe von *Helianthus*-Keimlingen (3—5) wird in der Dunkelkammer bei Orangelicht oder grünem Sicherheitslicht an einem geeigneten
Kippstativ montiert, das es gestattet, die Pflanzen mit einem Handgriff aus
der vertikalen in die horizontale Stellung überzuführen (vgl. Abb. 9). Die

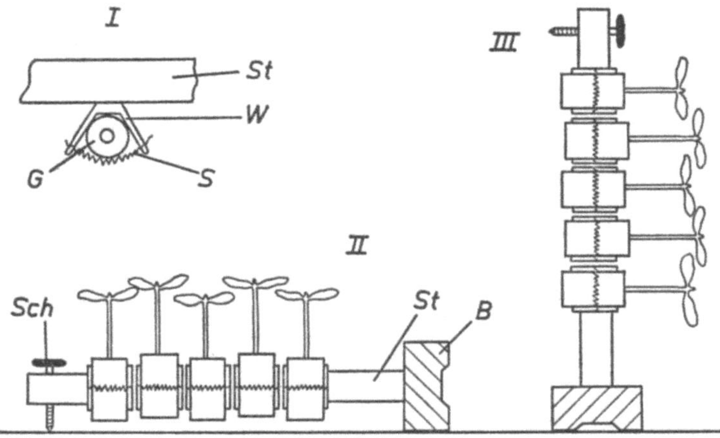

Abb. 9. Kippstativ zur geotropischen Exposition von Versuchspflanzen. I. Befestigung der Versuchspflanze; II. Stativ in Horizontalstellung; III. In Vertikalstellung; *St* Stativstab; *W* Metallwinkel;
S Spiralfeder; *G* Kulturgefäß; *Sch* Stellschraube; *B* Bleifuß

einzelnen Keimlinge sollen in genügendem Abstand voneinander stehen, so
daß sie sich während ihrer Aufkrümmung gegenseitig nicht berühren. Einige
Millimeter hinter den Pflanzen befestigt man einen Stativrahmen, in dem
zwischen 2 Glasplatten ein Blatt Photopapier (18 × 24 cm) eingespannt
werden kann. Die vordere Glasscheibe ist fest montiert, die hintere ist dreh-
bar und läßt sich buchdeckelartig mit Spiralfedern an die vordere Platte an-
pressen. Diese Einrichtung ermöglicht ein schnelles Wechseln des photographischen Papiers.

Etwa 1 m von den Pflanzen entfernt stellt man in gleicher Höhe die zur
photographischen Registrierung geeignete Lichtquelle auf (grünes Sicherheitslicht; siehe Anhang S. 135); sie soll mit einem normalen Kippschalter
und zusätzlich mit einem Druckknopfschalter ein- und ausgeschaltet werden
können. Zur Abschirmung von Streulicht empfiehlt es sich, etwa 10 cm vor
den Pflanzen eine Blende mit einer Öffnung vom Format des Photopapiers
aufzustellen.

Nun werden die Pflanzen im Kippstativ in die Horizontallage über-
führt. Zur Einstellung des Bildes dient zunächst als „Mattscheibe" ein Blatt
Transparentpapier. Dann wird die Belichtungslampe ausgeschaltet und bei
möglichst schwacher Raumbeleuchtung (rotes Dunkelkammerlicht) der Rahmen mit einem empfindlichen Photopapier (z. B. „Leostat" der Fa. Leonar-

Werke AG, Hamburg-Wandsbek) beschickt. Für die Exposition genügt eine Belichtung von wenigen Sekunden; die günstigste Belichtungszeit muß durch Probeaufnahmen ermittelt werden, da sie je nach der verwendeten Filterkombination etwas schwankt. Zur Entwicklung der Photogramme wird ein hart arbeitender Papierentwickler (z. B. „Perudur" der Fa. Perutz) verwendet; wegen der hohen Empfindlichkeit des verwendeten Photopapiers muß die Entwicklung bei möglichst schwachem rotem Dunkelkammerlicht vorgenommen werden.

Die Versuchspflanzen werden während der ersten beiden Stunden in Abständen von 15 min photographiert, für die dritte Stunde genügen Abstände von 30 min. Für jedes Photogramm wird ein eigenes Blatt Papier verwendet. — Auf den entwickelten Bildern läßt sich der Verlauf der geotropischen Reaktion durch Ausmessen der Krümmungswinkel registrieren. Hierzu dienen die beiden in Abb. 10 dargestellten Hilfslinien.

Bei einigen der folgenden Versuche, bei denen es nicht erforderlich ist, den zeitlichen Verlauf der Krümmungsreaktion an mehreren Photogrammen zu verfolgen, genügt eine einmalige Aufnahme am Ende des Versuchs. In solchen Fällen kann der Einfachheit halber zur Herstellung der Schattenbildzeichnungen oder der Photogramme ungefiltertes Weißlicht (40-Watt-Glühlampe) verwendet werden. Für Photogramme reicht dann ein unempfindlicheres Photopapier (z. B. Labaphot, „Labapos P 100", Fa. Langebartels, Berlin) und als Belichtungszeit ein Lichtblitz von etwa $^1/_5$ sec aus.

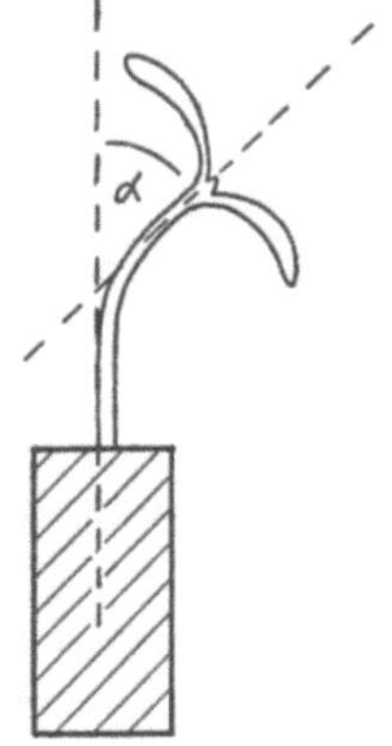

Abb. 10. Messung des Krümmungswinkels auf einem Photogramm; α Krümmungswinkel

Ergebnis

Nach dem Horizontalstellen krümmen sich die Hypokotyle zunächst einige Zeit nach unten. An dieser positiven Vorphase sind 2 Faktoren beteiligt: ein passives Absinken des Organs unter seinem Eigengewicht, dann aber auch eine aktive, geopositiv gerichtete Wachstumskrümmung. Nach etwa 15 min setzt dann die Hauptphase der Reaktion ein: die geonegative Aufwärtsbewegung, die nach längerer Zeit gelegentlich über die Senkrechte hinausführt: Überkrümmung. Schließlich pendelt sich das Hypokotyl in die vertikale Endstellung ein.

b) Positive Reaktion von Wurzeln

Ausführung

Einige ausgekeimte Samen von *Phaseolus* oder *Pisum*, die bereits eine 2 bis 3 cm lange Wurzel entwickelt haben, werden wie schon beim Grundversuch 14 b mit Stecknadeln auf einer Glasplatte an aufgekitteten Kork-

2*

würfeln in 2 cm Abstand parallel befestigt. Die fertig montierte Platte wird dann in eine passende kleine Spiegelglasküvette so eingesetzt, daß die Wurzeln horizontal stehen. Die Registrierung der sich entwickelnden Krümmung kann wieder, wie im vorigen Abschnitt beschrieben, entweder zeichnerisch oder photographisch vorgenommen werden. Die Küvette wird dazu so nahe wie möglich vor dem Glasrahmen aufgestellt. Zur Projektion der Schattenbilder eignen sich wieder die gleichen Lichtquellen wie für die Registrierung der Bewegungen des Hypokotyls. Der Verlauf der Krümmung, die hier viel langsamer voranschreitet, wird 1, 2, 4, 8 und 24 Std nach dem Horizontalstellen aufgenommen.

Ergebnis

Die geotropische Reaktion der Wurzel zeigt in ihrer Anfangsphase keinen merklichen Richtungswechsel. Die Abwärtsbewegung wird nach etwa 1 Std sichtbar und setzt sich dann stetig fort, bis der wachsende Spitzenteil nach etwa 24 Std seine neue Gleichgewichtsstellung erreicht hat. Diese liegt bemerkenswerterweise einige Winkelgrade vor der Vertikalen, so daß der maximale Weg der Krümmung nur etwa 85° ausmacht.

Literatur

RUGE, U.: Planta **32**, 176—186 (1941).
SACHS, J.: Vorlesungen über Pflanzenphysiologie. S. 844. Leipzig: Engelmann 1882.

Versuch 17

Messung der Anfangsphasen der geotropischen Reaktion
mit dem Horizontalmikroskop

Pflanzenmaterial: Koleoptilen von *Avena sativa* (Anzucht siehe Anhang S. 131); angekeimte Samen von *Lepidium sativum*.

Zubehör: Horizontalmikroskop mit 100teiligem Meßokular (etwa 8×) und 2,5-Objektiv (10×); schweres Stativ mit Muffe und Klammer; Objektträger; 2 mm dicke Pappe; Filtrierpapier; grünes Sicherheitslicht (s. Anhang S. 134).

Zeitbedarf: für Koleoptilen 45 min, für Keimwurzeln etwa 2 Std.

a) Avena-Koleoptilen

Ausführung

Ein *Avena*-Keimling mit etwa 25 mm langer Koleoptile wird in der Dunkelkammer bei grünem „Sicherheitslicht" (siehe Anhang S. 134) mit seinem Anzuchtgläschen horizontal an einem schweren Stativ befestigt. Dabei ist darauf zu achten, daß die kürzere Achse des Koleoptilquerschnitts vertikal steht und das Korn oben liegt. Nun wird das Mikroskop auf die Koleoptilspitze so eingestellt, daß deren schlankes Ende genau in der Mitte der Mikrometerteilung liegt. Diese Einstellung soll so rasch wie möglich erfolgen, damit auch die Anfangsphasen der Krümmungsreaktion noch miterfaßt werden können.

Vom Zeitpunkt der Horizontalstellung an wird jetzt die Stellung der Koleoptilspitze an der Skala 45 min lang verfolgt, während der ersten halben Stunde in Abständen von 2,5 min, später von 5 min.

Die direkt in Mikrometereinheiten abgelesenen Wegstrecken der Spitzenbewegung werden in μ umgerechnet und schließlich in einem Diagramm graphisch gegen die Beobachtungszeit dargestellt. Da die Krümmungswinkel während der ersten Stunde der Reaktion noch sehr gering sind, kann ihr direkt ermittelter Tangens-Wert noch unbedenklich der entsprechenden Bogenlänge proportional gesetzt werden.

Ergebnis

Unmittelbar nach dem Horizontallegen krümmt sich die Koleoptile zunächst schwach nach unten. Diese Anfangsphase der Bewegung, an der neben einer gewichtsbedingten passiven Deformation auch eine aktive positiv-geotropische Reaktionskomponente beteiligt ist, dauert etwa 7,5 min an und führt zu einer Senkung der Koleoptilspitze um etwa 0,4 mm. Auf diese Phase folgt dann die negativ-geotropische Aufwärtsbewegung, die ihrerseits in zwei Phasen abläuft: Sie beginnt zunächst verhältnismäßig schnell, kommt aber nach der 20. min wieder fast zum Stillstand. Nach der 25. min setzt schließlich eine erneute lebhafte Aufwärtskrümmung ein, die nach 5 min bereits die Horizontale überschreitet und dann zur endgültigen negativen Krümmungsreaktion führt. Die Geschwindigkeit der Bewegung beträgt am Ende der Beobachtungszeit (zwischen der 30. und 40. min) etwa 70 μ/min.

b) Keimwurzeln von Lepidium sativum

Ausführung

Je 2 bis 3 angekeimte Samen von *Lepidium sativum* werden auf einem mit feuchtem Filtrierpapier umwickelten Objektträger aufgereiht. Sie sollen etwa 2 cm von einer der kurzen Seitenkanten entfernt liegen und mit ihrem Wurzelende nach der gegenüberliegenden Seitenkante gerichtet sein. Dann legt man auf den Objektträger einen passenden schmalen Rahmen aus etwa 2 mm dicker, gut angefeuchteter Pappe, dessen freies Feld groß genug sein soll, um den Wurzeln reichlichen Spielraum für Wachstum und Krümmung zu lassen. Ein zweiter Objektträger schließt die so entstandene Kammer ab; sie wird durch zwei straffe Gummiringe zusammengehalten.

Zunächst beläßt man die kleine Küvette vertikal in einem feucht gehaltenen Glastrog, bis die nach unten gerichteten Wurzeln die für den Versuch geeignete Länge von 15—20 mm erreicht haben.

Zur Einleitung der geotropischen Reaktion wird das Präparat an einem Stativ so montiert, daß die Wurzeln der Keimlinge genau waagrecht stehen. Die induzierte Krümmung wird an der am geradesten gewachsenen Wurzel der Gruppe wieder mit dem Horizontalmikroskop durch Messung der vertikalen Spitzenabweichung registriert. Wir verfolgen den Beginn der Reaktion während der ersten 30 min in 2,5 min Intervallen, danach eine weitere halbe Stunde in Abständen von 5 min.

Ergebnis

Die Wurzeln von *Lepidium* reagieren auffällig schnell geotropisch. Die Bewegung setzt nach einer Latenzzeit von etwa 10 min sogleich in der endgültigen, geopositiven Richtung ein. Am Ende der einstündigen Beobachtungszeit beträgt die Geschwindigkeit der Bewegung etwa 30 μ/min.

Literatur

BRAUNER, L., u. A. ZIPPERER: Planta **57**, 503—517 (1961).
LARSEN, P.: Handbuch der Pflanzenphysiologie. Bd. XVII/2, S. 153—199. Berlin-Göttingen-Heidelberg: Springer 1962.

β) *Beziehung zwischen Reiz und Reaktion*

Versuch 18

Ausschaltung der einseitigen Schwerkraftwirkung durch den Klinostaten

Pflanzenmaterial: *Helianthus*-Keimpflanzen (Anzucht s. Anhang S. 130); gekeimte Erbsensamen.

Zubehör: Klinostat (mit Elektromotor oder mit Uhrwerk, das eine Gangreserve von etwa 12 Std haben muß); zylindrisches Glasgefäß mit Schraubdeckel (Konservenglas); Kork; Picein.

Zeitbedarf: 4—6 Std.

Ausführung

a) Einige *Helianthus*-Keimpflanzen werden mit ihren Anzuchtgläschen an einem geeigneten Halter parallel befestigt (s. Abb. 11). Der Halter wird dann auf der horizontal stehenden Achse eines Klinostaten montiert und mit einer Geschwindigkeit von 0,5—1 Umdrehung pro Minute um die Längsachse der Pflänzchen rotiert; daneben werden entsprechende Pflanzen horizontal auf den Tisch gelegt.

b) Auf der Innenseite des Schraubdeckels eines zylindrischen Konservenglases wird eine etwa 1 cm dicke Korkplatte mit Picein aufgekittet. Auf dieser Platte befestigt man mit Stecknadeln einige gekeimte Erbsensamen mit möglichst geraden, etwa 3 cm langen Wurzeln derart, daß diese parallel und senkrecht in das Glasgefäß hineinragen. Die Innenwand des Gefäßes wird mit feuchtem Filterpapier ausgekleidet. Ein derart beschicktes Gefäß montiert man nun mit einem passenden Schraubhalter waagrecht auf der horizontalen Achse des Klinostaten. Wie bei a) wird eine entsprechend vorbereitete Kontrolle waagrecht auf den Tisch gelegt.

Ergebnis

Die horizontal gelegten Hypokotyle und Wurzeln haben sich bereits nach wenigen Stunden stark geotropisch gekrümmt, während die rotierten Pflanzen völlig gerade geblieben sind.

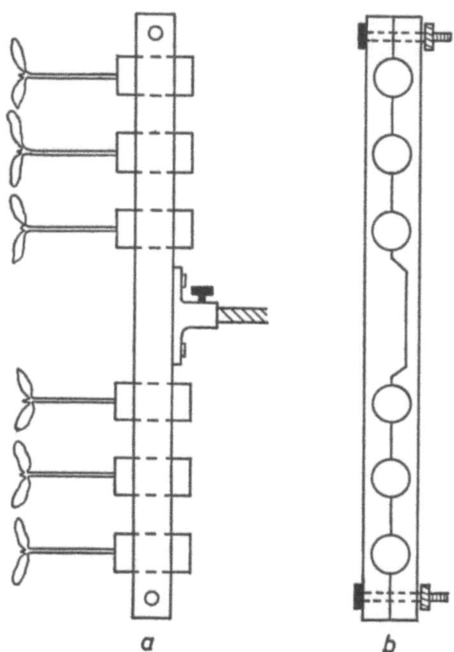

Abb. 11 a u. b. Halter zur Befestigung von *Helianthus*-Keimlingen am Klinostaten.
a Seitenansicht, b Aufsicht

Literatur

SACHS, J.: Vorlesungen über Pflanzenphysiologie. S. 844. Leipzig: Engelmann 1882.
—: Arbeiten des Botanischen Instituts Würzburg **2**, 217 (1879).

Versuch 19

Verhalten von Keimlingen auf der Zentrifuge: Nachweis der tropistischen Wirksamkeit der Fliehkraft

Pflanzenmaterial: Keimpflanzen von *Helianthus* (Anzucht s. Anhang S. 130); angekeimte Samen von *Vicia faba* oder *Pisum sativum* mit 2—3 cm langer, möglichst gerader Keimwurzel (Anzucht s. Versuch 14b).

Zubehör: Elektrische Zentrifuge mit regulierbarer Umdrehungsgeschwindigkeit; aufschraubbarer Blechkasten. Auf dem Drehtisch einer Zentrifuge mit senkrechter Achse wird ein runder Blechkasten (ϕ etwa 30 cm) montiert. Er muß zur Feucht- und Dunkelhaltung der Pflanzen mit einem Blechdeckel verschließbar sein und sich mit Hilfe von Flügelmuttern fest auf dem Tisch der Zentrifuge aufschrauben lassen. In diesem Blechkasten befindet sich ein herausnehmbarer Einsatz. Er besteht aus einer runden Grundplatte aus Holz, die genau den Innen-$\emptyset$ des Blechkastens besitzt. Auf ihr sind, etwa 5 cm vom Rand entfernt, zur Aufnahme der Versuchspflanzen 8 Blöcke aus Schaumstoff (4 × 4 cm, Höhe etwa 8 cm) derart aufgekittet, daß eine Fläche jedes Blöckchens der Peripherie der Scheibe zugekehrt ist. 4 von diesen besitzen eine etwa 5 cm tiefe Bohrung, in die das Kulturgläschen von *Helianthus*-Keimlingen passen muß. Zwischen diesen stehen die übrigen 4 massiven Blöcke, an denen Samen mit Keimwurzeln befestigt werden können.

Zeitbedarf: 6—8 Std.

Ausführung

Die Seitenwand und den Deckel des Zentrifugiergefäßes kleidet man mit nassem Filtrierpapier aus. Nun werden 4 Keimlinge von *Helianthus* mit ihren Kulturgläschen in die dafür vorgesehenen Halterungen gesteckt. An der Außenflanke der restlichen 4 Blöckchen befestigt man mit Stecknadeln gekeimte *Vicia*- oder *Pisum*-Samen so, daß ihre Wurzeln nach unten und die Kotyledonen tangential zur Peripherie stehen (Vermeidung einer Störung der Reaktion durch Nutationskrümmungen!). Nach der Befestigung des Deckels werden die Pflanzen 30 min lang bei einer Rotationsgeschwindigkeit von etwa 200 U/min ($\cong 4$ g) zentrifugiert. Danach überträgt man sie in feuchte Glasküvetten und registriert zeichnerisch oder photographisch die induzierte Krümmungsreaktion in Abständen von etwa 30 min (vgl. Versuch 16). Dabei muß phototropisch wirksames Licht möglichst vermieden werden.

Ergebnis

Die Hypokotyle der *Helianthus*-Pflanzen haben sich durch das Zentrifugieren zunächst nach außen gekrümmt (passive Deformation durch die Fliehkraft und positive Vorphase; s. Versuch 16 a). Bereits nach weiteren 30 min ist jedoch der Beginn der endgültigen Krümmung in Richtung zur Zentrifugenachse zu bemerken. Diese Bewegung erreicht nach 3—4 Std ihr Maximum. — Die Wurzeln zeigen nur eine geringe mechanische Deformation durch die Zentrifugierung; nach etwa 1 Std setzt eine aktive Bewegung in zentrifugaler Richtung ein, die sich mehrere Stunden lang fortsetzt.

Literatur

KNIGHT, TH. A.: Phil. Trans. B *I*, 99 (1806). Deutsche Übersetzung in Ostwalds Klassiker Nr. 62. Leipzig 1895.

Versuch 20

Bestimmung des Schwellenwertes der geotropischen Präsentationszeit
Pflanzenmaterial: *Helianthus*-Keimlinge (Anzucht siehe Anhang S. 130)

Zubehör: 5 Kippstative (siehe Abb. 9); grünes Sicherheitslicht (siehe Anhang S. 134); Einrichtung zur zeichnerischen oder photographischen Registrierung (siehe Versuch 16).

Zeitbedarf: etwa 4 Std.

Ausführung

An 5 Kippstativen (s. Abb. 9) werden je 6 völlig gerade gewachsene *Helianthus*-Keimlinge, wie im Versuch 16 a/2 beschrieben, befestigt und in der Dunkelkammer bei etwa 20° C aufgestellt. Zur Beleuchtung dient grünes Sicherheitslicht. Die Stative werden nun möglichst gleichzeitig um 90° gekippt, so daß die Keimlinge mit ihrer Kotyledonarebene senkrecht zur Vertikalen stehen. Nach 2, 4, 8, 16 und 32 min bringt man jeweils 1 Stativ wieder in die Ausgangslage zurück. Erstmals unmittelbar nach dem Wiederaufrichten und dann in Abständen von 30 min werden bis zur dritten Stunde nach Versuchsbeginn von den Keimlingen Schattenbilder oder Photographien nach der in Versuch 16 beschriebenen Methode angefertigt.

Auswertung und Ergebnis

Mit Hilfe der in Abb. 10 dargestellten Hilfslinien können auf den Bildern die Krümmungswinkel der Keimlinge ausgemessen werden. Bei jeder der 5 Serien wird für jeden Zeitpunkt der Mittelwert aus den Reaktionsgrößen der zusammengehörigen 6 Versuchspflanzen berechnet. Aus diesen Werten gewinnt man zunächst für jede Versuchsgruppe die Kurve des zeitlichen Verlaufs der Reaktion. Die negativen Werte steigen bis zu einem Maximum an, das 1 bis $1^{1}/_{2}$ Std nach der Horizontalstellung erreicht wird; dann geht die Krümmung allmählich wieder zurück. Nach $2^{1}/_{2}$ Std ist die Ausgangsstellung bereits wieder erreicht. Nun folgt eine durch die inverse Induktionsstellung während der negativen Krümmung bedingte positive Gegenreaktion, die nach $3^{1}/_{2}$ bis 4 Std wieder abklingt. — Uns soll hier vor allem die Höhe des Maximums der negativen Phase beschäftigen. Sie wird von der Dauer der primären Induktionsstellung bestimmt. Zeichnet man diese Maximalwerte in ein Koordinatensystem ein, in dem die Ordinate die Krümmung in Winkelgraden, die Abszisse den log der Induktionszeit darstellt, so liegen die Meßpunkte auf einer aufsteigenden Geraden; das Krümmungsmaximum ist also dem log der Reizdauer proportional. Der Schnittpunkt der ermittelten Geraden mit der Abszisse gibt den Schwellenwert der Präsentationszeit an; er beträgt bei einer Temperatur von 20° C etwa 2 min. Unter den angegebenen Versuchsbedingungen ist also bei einer Präsentationszeit von 2 min praktisch noch keine Reaktion zu erwarten, während unsere längste Induktionsdauer, 32 min, bereits einen maximalen Krümmungswinkel von etwa 40° hervorruft.

Literatur

Brauner, L., u. A. Hager: Planta **51**, 115—147 (1958).

Versuch 21

Summation unterschwelliger Reize

Pflanzenmaterial: *Helianthus*-Keimpflanzen (Anzucht siehe Anhang S. 130).

Zubehör: Kippstative (s. Abb. 9); grünes Sicherheitslicht (siehe Anhang S. 134).

Zeitbedarf: 2 Std.

Ausführung

Man beschickt 2 Kippstative (s. Abb. 9) mit 6 möglichst geraden *Helianthus*-Keimlingen und stellt sie in der Dunkelkammer bei etwa 20° C auf. Alle Arbeiten werden bei grünem Sicherheitslicht vorgenommen. Die Pflanzen am ersten Stativ (Gruppe 1) werden nur 1 min lang geotropisch gereizt; bei den Pflanzen am zweiten Stativ (Gruppe 2) wird diese Induktion unter Einschaltung von jeweils 2 min langen Pausen in Normallage insgesamt 5mal wiederholt. 90 min nach Versuchsbeginn werden von den Pflanzen Schattenbilder hergestellt (s. Versuch 16) und an diesen die Krümmungswinkel ausgemessen (s. Abb. 10). Zur Gewinnung verläßlicher Werte muß der Versuch gegebenenfalls 2- bis 3mal wiederholt werden.

Ergebnis

Die Pflanzen der Gruppe 1 sind gerade geblieben. Wie Versuch 20 gezeigt hat, beträgt der Schwellenwert der Präsentationszeit bei einer Temperatur von 20° C etwa 2 min. Eine geotropische Reizung von einer Minute ist also noch nicht ausreichend, um eine Krümmung zu induzieren. Bei Gruppe 2 dagegen hat sich am Ende des Versuchs bereits eine Krümmung von 10—15° entwickelt. Dies beweist einerseits, daß auch der unterschwellige Reiz perzipiert worden ist, und andererseits, daß sich mehrere unterschwellige Reize zu einem überschwelligen Gesamtreiz addieren, der dann zu einer Krümmungsreaktion führt.

Literatur

Bünning, E., u. D. Glatzle: Planta (Berl.) **36**, 199—202 (1949).

Versuch 22

Nachweis der Längskraftkomponente bei der geotropischen Induktion

Pflanzenmaterial: Kressesamen (*Lepidium sativum*).

Zubehör: Klinostat mit elektrischem Antrieb und mit einer auf die Achse aufsetzbaren Metall- oder Holzscheibe (Durchmesser etwa 30 cm); Petrischalen (Durchmesser 9 cm und 5 cm); Filtrierpapier; Tesafilm oder Leukoplast.

Zeitbedarf: etwa 48 Std.

Ausführung

Kressesamen werden in einer Petrischale auf nassem Filtrierpapier zum Keimen ausgelegt; sobald die Keimwurzeln sichtbar sind (nach etwa 12 Std), werden 30—40 Keimlinge auf 3—4 Petrischalen so verteilt, daß zwischen ihnen ein Abstand von etwa 1 cm bleibt und die Wurzelspitzen alle in gleicher Richtung stehen. Um ein gerades Wachstum der Wurzeln zu erzielen, stellt man die Petrischalen stark geneigt auf. Auf eine Metall- oder Holzscheibe, die mit einem Halter an der Klinostatenachse befestigt werden kann, werden 4 Unterhälften von kleinen Petrischalen (Durchmesser 5 cm) mit Picein aufgeklebt (siehe Abb. 12). Wenn die Kressewurzeln eine

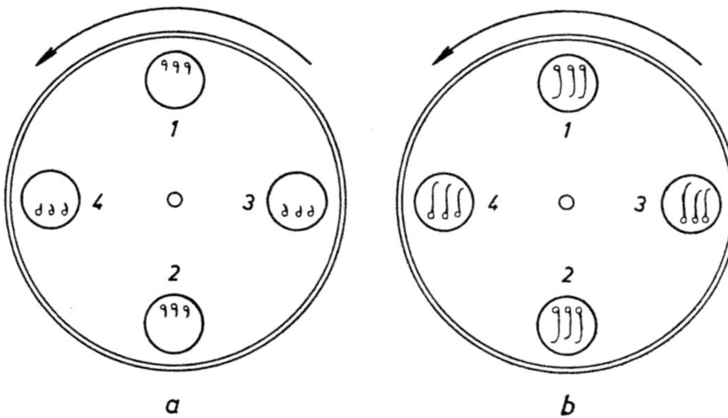

Abb. 12 a u. b. a Anordnung der Petrischalen mit den Kresse-Keimlingen auf der Drehscheibe (1—4: Anordnung der Keimlinge); b Schema der geotropischen Krümmungen nach 12- bis 24stündiger Rotation. (Pfeile: Rotationsrichtung der Drehscheibe)

Länge von 4—6 cm erreicht haben (etwa 24 Std nach der Aussaat) legt man die Schälchen mit feuchtem Filtrierpapier aus und ordnet darauf je 3 Keimlinge in folgender Weise an:

1. Die Wurzeln zeigen mit der Spitze radial zum Mittelpunkt der Scheibe.

2. Die Wurzeln zeigen zum Rand der Scheibe.

3. Die Wurzeln zeigen mit der Spitze tangential in die Drehrichtung der Scheibe.

4. Die Wurzeln zeigen gegen die Drehrichtung der Scheibe (vgl. Abb. 12 a, 1—4).

Dann werden die Deckel aufgesetzt und mit Tesafilm oder Leukoplast fixiert; man befestigt die Scheibe an der horizontalen Achse des in einer Dunkelkammer aufgestellten Klinostaten und läßt ihn mit einer Geschwindigkeit von 1 Umdr. pro 10—15 min rotieren.

Ergebnis

Obwohl sich bei der Rotation am Klinostaten die Wirkungen der verschiedenen Reizlagen gegenseitig völlig aufheben müßten, haben sich die Wurzeln nach 12—24 Std so gekrümmt, wie in Abb. 12 b dargestellt ist; die erreichten Krümmungswinkel können dabei bis zu 90° betragen. Aus der Richtung der Krümmungen bei den 4 Anordnungen ist zu schließen, daß diese stets durch diejenige Reizlage bestimmt wird, auf die die Inverslage folgt. Daraus läßt sich ableiten, daß die Inverslage eine reizverstärkende Wirkung ausübt, während die Normallage indifferent ist oder sogar reizabschwächend wirkt. Das Ergebnis zeigt, daß die Schwerkraft außer der Induktion einer Krümmung noch eine zweite, nämlich eine „tonische" (= das Reaktionsvermögen beeinflussende) Wirkung hervorzurufen vermag, die sich dann entwickelt, wenn die Kraft parallel zur Längsachse des Organs angreift („Längskraftkomponente").

Literatur

LARSEN, P.: Handbuch der Pflanzenphysiologie. Bd. XVII/2, S. 153—199. Berlin-Göttingen-Heidelberg: Springer 1962.

ZIMMERMANN, W.: Jb. wiss. Bot. **66**, 631—677 (1927).

Versuch 23

Der Einfluß des Expositionswinkels auf die geotropische Reaktion

Pflanzenmaterial: *Helianthus*-Keimlinge (Anzucht siehe Anhang S. 130).

Zubehör: 5 Kippstative (siehe Abb. 9); Zeichenrahmen bzw. Einrichtung zur photographischen Registrierung; Winkelmesser; grünes Sicherheitslicht (siehe Anhang S. 134).

Zeitbedarf: etwa 3 Std.

Ausführung

An 5 Kippstativen werden je 6 möglichst gerade *Helianthus*-Keimlinge befestigt wie im Versuch 16 a/2 beschrieben (vgl. Abb. 9) und in der Dunkelkammer bei etwa 20° C aufgestellt. Alle Arbeiten werden bei orangem oder, wenn verfügbar, bei grünem Sicherheitslicht ausgeführt. Die Stative werden nun mit Hilfe einer geeigneten Stütze möglichst gleichzeitig so gekippt, daß die Hypokotyle im Winkel von 30°, 60°, 90°, 120° bzw. 150° zur Vertikalen stehen. Nach 20 min bringt man die Pflanzen wieder in ihre Ausgangslage zurück; 2 Std nach Versuchsbeginn stellt man dann zeichnerisch oder photographisch Schattenbilder von den 6 Versuchsgruppen her und mißt an ihnen die entstandenen Krümmungen aus (zur Methode vgl. Versuch 16). Für jede Versuchsgruppe wird aus den Einzelwerten der Mittelwert errechnet. Pflanzen, deren Krümmungswinkel unter 5° geblieben ist, werden nicht berücksichtigt. Zur Gewinnung verläßlicher Mittelwerte muß der Versuch zwei- bis dreimal wiederholt werden.

Ergebnis

Unter den angegebenen Versuchsbedingungen sind die folgenden Krümmungswinkel zu erwarten:

Expositionswinkel	30°	60°	90°	120°	150°
Krümmungswinkel	15°	24°	35°	38°	29°

Je nach der verwendeten *Helianthus*-Sorte und der Jahreszeit können die angegebenen Mittelwerte bis zu 5° nach oben oder unter abweichen.

Nach dem Sinus-Gesetz (SACHS, 1882; FITTING, 1905) wäre bei einem Expositionswinkel von 90° die stärkste Reaktion zu erwarten gewesen. Das Sinus-Gesetz gilt aber nur für die Schwellenwertreizung, d. h. für die geringste Reizmenge, die gerade noch eine sichtbare Reaktion hervorruft. Bei längeren Expositionszeiten verschiebt sich das Maximum der Reaktion in den Bereich höherer Expositionswinkel (120—135°).

Diese Tatsache läßt sich vermutlich auf den „tonischen" Einfluß der Längskraft zurückführen (vgl. Versuch 22). Der Zusammenhang zwischen Reizmenge und Längskraftkomponente wurde von METZNER („erweitertes Sinusgesetz" [1929]) und neuerdings von LARSEN (1962) formelmäßig dargestellt.

Literatur

FITTING, H.: Jb. wiss. Bot. 41, 221—398 (1905).
LARSEN, P.: Handbuch der Pflanzenphysiologie. Bd. XVII/2, 153—199. Berlin-Göttingen-Heidelberg: Springer 1962.
METZNER, P.: Jb. wiss. Bot. 71, 325—385 (1929).
SACHS, J.: Arb. bot. Inst. Würzburg 2, 226—284 (1882).

γ) *Versuche zur Aufklärung des Wirkungsmechanismus*

Versuch 24

Nachweis der Spitzenperzeption und der Reizleitung beim Geotropismus

Pflanzenmaterial: Keimlinge von *Panicum miliaceum;* Sprosse von *Coleus* oder von *Impatiens.*

Zubehör: Glasschale mit Deckel (etwa 20 cm weit, 10 cm hoch); Deckel einer Preßglaspetrischale (ϕ 6—8 cm); Kork; Glasröhren; Picein; Glaskasten (30 × 30 × 30 cm); Sand.

Zeitbedarf: etwa 1 Woche.

Ausführung

a) Auf die Mitte der Innenseite des Deckels einer Petrischale (ϕ 6—8 cm) wird mit Picein ein großer Korkstopfen festgekittet. Nun zieht man

Glascapillaren von etwa 1 mm Innen-$\varnothing$ aus und schneidet von ihnen mit einem Schreibdiamanten 8 Stückchen von etwa 15 mm Länge ab. Diese werden in gleichen Abständen radial am oberen Ende des Korkstopfens festgesteckt, wobei darauf zu achten ist, daß sie möglichst waagrecht stehen. Keimlinge von *Panicum* (2—3 Tage auf feuchtem Filterpapier in vertikaler Stellung angezogen) werden mit ihren Koleoptilspitzen 3—4 mm tief in den Capillaren festgesteckt; man wählt dazu zweckmäßigerweise Keimlinge aus, deren Koleoptilen sich ohne Druck in die Öffnung einführen lassen und trotzdem fest sitzen. Das ganze Aggregat wird nun in eine feuchte Kammer (Glasschale mit Deckel, Wand mit feuchtem Filterpapier belegt, Boden mit Wasser bedeckt) eingestellt, im Dunkeln bei Zimmertemperatur aufbewahrt und während mehrerer Tage beobachtet.

b) Ein Glaskasten, der von oben geöffnet werden kann, wird mit feuchtem Filtrierpapier ausgelegt. An einer Schmalseite schichtet man einen 10 bis 15 cm hohen Haufen von feuchtem Sand schräg auf. Von jungen *Coleus*- oder *Impatiens*-Pflanzen werden einige etwa 20 cm lange Sproßenden abgeschnitten und mit ihrer Spitze so im Sand festgesteckt, daß sie möglichst horizontal stehen und sich gegenseitig nicht berühren. Der Kasten wird dann verschlossen und im Gewächshaus aufgestellt; dabei ist für eine ständig wasserdampfgesättigte Atmosphäre im Glaskasten zu sorgen.

Ergebnis

a) Der basale Teil der *Panicum*-Koleoptilen und vor allem ihr langes Mesokotyl krümmen sich negativ geotropisch auf. Die Bewegung hört aber nach Erreichen der Vertikal-Stellung nicht auf, sondern setzt sich in der gleichen Richtung mehrere Tage lang fort, so daß sich die Koleoptilen schließlich 1—2mal einrollen („Schweineschwänzchen").

b) Bei den *Coleus*- und *Impatiens*-Sprossen führt die Reaktion nur bis zu einer deutlichen Überkrümmung; der Basalteil nähert sich der Spitze schließlich im günstigsten Fall bis auf etwa 45°.

Aus der Reaktion der Mesokotyle und der Sprosse läßt sich folgender Schluß ziehen: Obwohl der Basalteil der Organe im Verlauf seiner Aufkrümmung die Vertikalstellung erreicht, kommt die Krümmungsreaktion dann nicht zum Stillstand. Dies kann nur darauf beruhen, daß vom einzigen Organteil, der ständig in geotropischer Reizlage festgehalten wird, nämlich die Sproßspitze, der frei beweglichen Basalzone dauernd ein Krümmungsimpuls zugeleitet wird.

Literatur

DARWIN, FR.: Ann. Bot. **13**, 567—574 (1899).

Versuch 25

Geotropische Aufrichtung von Getreidehalmen und *Tradescantia*-Sprossen

Pflanzenmaterial: Topf- und Freilandpflanzen von Weizen mit mehreren Knoten; möglichst gerade Sprosse von *Tradescantia*.

Zubehör: Zylindergläschen; Gummistopfen; Einrichtung zum Zeichnen und Photographieren von Schattenbildern (siehe Versuch 16).

Zeitbedarf: Versuchsansatz: etwa 1 Std; Beobachtung: etwa 1 Woche.

Ausführung

a) Topfpflanzen von Weizen und *Tradescantia* werden durch eine geeignete Halterung so fixiert, daß das basalste Internodium genau horizontal orientiert ist. Die dadurch induzierte Aufrichtungsbewegung wird so lange beobachtet, bis die Sproßspitze wieder senkrecht steht (4—7 Tage).

b) Aus Weizenpflanzen, die noch nicht blühen, schneidet man Stücke des Halmes etwa 5 cm ober- und unterhalb des 2. oder 3. Knotens hinter der Spitze heraus. Die Stengelabschnitte, die demnach jeweils aus dem Knoten und einem Stück des basalen und apikalen Internodiums bestehen, werden am basalen Ende mit einem durchbohrten Gummistopfen in einem wassergefüllten Zylindergläschen befestigt; der Stengel muß wasserdicht im Röhrchen sitzen. Die Abschnitte werden nun mit ihren Gläschen an einem geeigneter Halter (siehe z. B. Abb. 11) befestigt und in Horizontallage in einer gläsernen, feuchten Kammer aufgestellt. In Abständen von etwa 12 Std werden Schattenbilder der Präparate zeichnerisch oder photographisch registriert (siehe Versuch 16). Die Winkel zwischen den beiden Internodien werden nach der in Abb. 10 dargestellten Methode ausgemessen. Der Versuch kann in der gleichen Weise auch mit Sproßabschnitten von *Tradescantia* ausgeführt werden.

Ergebnis

a) Die Weizenhalme und *Tradescantia*-Sprosse richten sich nach dem Horizontallegen innerhalb einiger Tage negativ geotropisch auf. Im Gegensatz zu den Pflanzen, die keine verdickten Knoten besitzen, erfolgt hier aber die Aufkrümmung streng lokalisiert: an der Reaktion sind nur die Knoten selbst beteiligt, während die Internodien völlig gerade bleiben. Die Verdickung an den Knoten ist durch das Anschwellen der Basis der stengelumfassenden Blätter entstanden. Dieses Gewebe ist am senkrecht stehenden Sproß nicht mehr wachstumsfähig, es kann aber auf der Unterseite des Knotens durch den geotropischen Reiz zu erneuter Zellstreckung angeregt werden.

b) Die Aufrichtung in einem einzelnen Knoten verläuft anfangs relativ rasch, sie wird dann immer langsamer und hört nach einigen Tagen ganz auf; die erzielten Krümmungswinkel betragen beim Weizen maximal

50—60°, bei *Tradescantia* annähernd 90°. Die Tatsache, daß die geotropische Reaktion auch in einem isolierten Knoten abläuft, zeigt, daß im vorliegenden Fall jeder Knoten selbst den Schwerkraftreiz aufnehmen kann.

Literatur

ARSLAN, N., and T. A. BENNET-CLARK: J. exp. Bot. 11, 1—12 (1960).
NOLL, F.: Flora 81, 36—87 (1895).

Versuch 26

Verlust des geotropischen Reaktionsvermögens
nach der Decapitation und seine teilweise Wiederherstellung
durch künstliche Wuchsstoffzufuhr

Pflanzenmaterial: *Helianthus*-Keimpflanzen (Anzucht siehe Anhang S. 130).

Zubehör: 3 Kippstative (siehe Abb. 9); Capillarröhrchen (siehe Abb. 13); IES-Lösung (0,1 mg/l); Einrichtung zur zeichnerischen oder photographischen Registrierung (siehe Versuch 16); grünes Sicherheitslicht (siehe Anhang S. 134).

Zeitbedarf: Vorbereitung 4 Tage, Versuchsdauer 24 Std.

Ausführung

12—15 *Helianthus*-Keimlinge werden knapp unter dem Ansatz der Kotyledonen decapitiert und dann 4 Tage lang in einem feuchten Dunkelschrank bei etwa 20° C belassen. Nach dieser Wartezeit befestigt man an 2 Kippstativen (siehe Abb. 9) je 6 der nunmehr verarmten Pflanzen in vertikaler Stellung. Den Hypokotylen am ersten Stativ wird nun von der Schnittfläche her destilliertes Wasser zugeführt (Versuchsgruppe 1), den Hypokotylen am 2. Stativ eine sehr verdünnte Lösung von β-Indolylessigsäure (IES, 0,1 mg/l) (Versuchsgruppe 2). Dies geschieht mit Hilfe von 20—25 mm langen, konischen Capillarröhrchen, die mit der Versuchslösung gefüllt sind und auf das obere Ende der Hypokotyle gestülpt werden (vgl. Abb. 13).

Ein drittes Kippstativ wird mit 6 frisch decapitierten Pflänzchen ohne Capillarröhrchen beschickt (Gruppe 3). — Alle Arbeiten führt man bei orangem Dunkelkammerlicht oder grünem Sicherheitslicht aus. Die 3 Stative werden nun aufgerichtet, so daß die Hypokotyle horizontal stehen. Zu diesem Zeitpunkt und 24 Std später zeichnet oder photographiert man Schattenbilder der Pflanzen, an denen

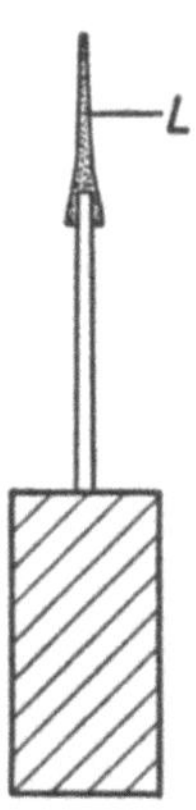

Abb. 13. Flüssigkeitsgefülltes Capillarröhrchen auf ein *Helianthus*-Hypokotyl aufgesetzt; *L* Versuchslösung

dann die während der Expositionszeit erreichten Krümmungswinkel der Hypokotyle ausgemessen werden (siehe Abb. 10).

Ergebnis

Die Pflanzen der Versuchsgruppe 3 zeigen trotz der vor dem Horizontallegen vorgenommenen Dekapitierung eine kräftige negative geotropische Aufkrümmung (nach 24 Std etwa 80°). Das Ausmaß der Reaktion ist also im Vergleich zu intakten Pflanzen kaum verringert (vgl. Versuch 14). Die Hypokotyle der Gruppe 1 haben sich dagegen nur um etwa 8° aufgekrümmt. Ihre Reaktionsfähigkeit wurde durch die 4 Tage lange Verarmung erheblich herabgesetzt. Das Verhalten der Gruppe 2 läßt schließlich erkennen, daß das Reaktionsvermögen der verarmten Hypokotyle durch die Zufuhr einer geringen IES-Menge wieder merklich gesteigert werden kann: Die Pflanzen der Gruppe 2 zeigen nach 24 Std bereits eine Aufkrümmung von etwa 16°.

Literatur

BRAUNER, L., u. A. HAGER: Planta **51**, 115—147 (1958).
RUGE, U.: Planta **32**, 176—186 (1941).

Versuch 27

Einfluß der Decapitierung auf die geotropische Krümmungsfähigkeit von Haferkoleoptilen; Regeneration einer neuen „physiologischen" Spitze

Pflanzenmaterial: *Avena*-Koleoptilen (Anzucht siehe Anhang S. 131).

Zubehör: 4 Kippstative (siehe Abb. 9); Einrichtung zur zeichnerischen oder photographischen Registrierung der Krümmungen (siehe Versuch 16); grünes Sicherheitslicht (siehe Anhang S. 134).

Zeitbedarf: etwa 5 Std.

Ausführung

In einer Dunkelkammer (Temperatur etwa 20°) werden bei schwachem grünem Sicherheitslicht an 4 Kippstativen je 6 *Avena*-Keimlinge so befestigt, daß in der folgenden Horizontalstellung die Koleoptile unter dem Korn liegt (siehe Versuch 17). Nun decapitiert man die noch vertikal stehenden Koleoptilen an 3 Stativen vorsichtig um etwa 2 mm, die Pflanzen des 4. Stativs bleiben intakt. Schließlich stellt man alle 4 Stative in einen Dunkelschrank mit möglichst hoher Luftfeuchtigkeit. Das Stativ mit den intakten Koleoptilen (Versuchsgruppe 1) und ein Stativ mit decapitierten Koleoptilen (Versuchsgruppe 2) werden sofort nach dem Decapitieren um 90° gekippt. Die Pflanzen bleiben 15 min lang in horizontaler Expositionsstellung; die decapitierten Koleoptilen in den beiden restlichen Stativen werden dagegen erst nach einer Wartezeit in Vertikalstellung von 45 min (Versuchsgruppe 3) bzw. 3 Std (Versuchsgruppe 4) in die geotropische Reizlage gebracht. 70—80 min nach Beginn der Horizontalstellung stellt man von den Koleoptilen Schattenbilder oder Photographien nach der in Versuch 16 beschriebenen Methode her und mißt auf den Bildern die Krümmungswinkel mit Hilfe der in Abb. 10 angegebenen Hilfslinien aus.

Ergebnis

Unter den beschriebenen Versuchsbedingungen sind etwa die folgenden Krümmungswinkel zu erwarten:

Versuchsgruppe	1	2	3	4
Krümmungswinkel	10°	7°	1°	8°

Zur Gewinnung verläßlicher Mittelwerte muß der Versuch unter Umständen mehrmals wiederholt werden.

Frisch decapitierte *Avena*-Koleoptilen sind demnach trotz des Fehlens der auxinliefernden Spitze noch zu einer, wenn auch etwas schwächeren Krümmungsreaktion befähigt (Versuchsgruppe 2); offenbar genügt dafür der im Koleoptilstumpf noch verbliebene Wuchsstoff. 45 min nach der Decapitierung ist dagegen das Gewebe bereits so stark an Auxin verarmt, daß praktisch keine Reaktion mehr eintritt (Versuchsgruppe 3). Nach längeren Wartezeiten hat die Koleoptile jedoch eine neue auxinliefernde „physiologische" Spitze gebildet, die ihr wieder die Fähigkeit verleiht, sich annähernd normal zu krümmen (Versuchsgruppe 4).

Literatur

DOLK, H. E.: Rec. Trav. bot. néerl. **33**, 509—585 (1936).
WENT, F. W.: Plant Physiol. **17**, 236—249 (1942).

Versuch 28

Der Einfluß der Decapitierung auf die Wuchsstoffempfindlichkeit von *Helianthus*-Hypokotylen

Pflanzenmaterial: *Helianthus*-Keimpflanzen (Anzucht siehe Anhang S. 130).

Zubehör: Dunkelschrank (etwa 20° C, relative Feuchtigkeit 80—90%); Schüttelmaschine; pH-Meter; Stechzirkel; IES (Stammlösung 10^{-4} mol); Saccharose; Phosphatpuffer pH 5,9, 1/60 molar (112,5 ml m/15 KH_2PO_4 + 12,5 ml m/15 Na_2HPO_4, Gemisch auf 500 ml verdünnen); Glasscheiben (9 × 12 cm); Photopapier.

Zeitbedarf: 5 Tage.

Ausführung

200 *Helianthus*-Keimlinge werden decapitiert (siehe Versuch 26) und in einen feuchtgehaltenen Dunkelschrank (T etwa 20° C) gestellt. Mit einer Gruppe von 50 Keimlingen wird sofort nach dem Decapitieren ein Wachstumsversuch nach dem Prinzip des Zylindertests in folgender Weise ausgeführt:

Die obersten 20 mm der Hypokotyle werden abgeschnitten. Je 10 der so gewonnenen Zylinder werden in 25 ml der zu prüfenden Lösungen eingebracht und in Petrischalen 16 Std lang im Dunkeln bei etwa 24° C auf einer Schüttelmaschine in Bewegung gehalten. Es soll die Wirkung der folgenden 4 IES-Konzentrationsstufen geprüft werden:

$$10^{-7}\,m,\ 10^{-6}\,m,\ 10^{-5}\,m\ \text{und}\ 10^{-4}\,m.$$

Eine fünfte, IES-freie Probe dient als Kontrolle. Alle Lösungen werden mit m/60-Phosphatpuffer (pH 5,9) angesetzt. Jeder Lösung wird ferner noch soviel Saccharose zugesetzt, daß ihre Endkonzentration in der Lösung 1⁰/₀ beträgt.

Nach Ablauf der Versuchszeit werden die Zylinder jeder Probe schnell mit Filtrierpapier abgetrocknet und auf 9 × 12-cm-Glasscheiben in entsprechenden Gruppen parallel angeordnet. Die fertig beschickten Platten legt man in der Dunkelkammer auf Bromsilberpapier und stellt durch kurze Belichtung von oben Schattenbilder der Zylinder her. Auf den so erhaltenen Photographien mißt man schließlich die Länge der einzelnen Hypokotylstücke mit einem Stechzirkel aus und errechnet den Mittelwert für jede Gruppe.

Der geschilderte Zylindertest wird nun in derselben Weise mit Hypokotylen ausgeführt, die nach ihrer Decapitierung zunächst 1, 2 und 4 Tage lang im Dunkeln belassen wurden.

Ergebnis

Das Ergebnis der 4 Wachstumsversuche ist in Abb. 14 graphisch dargestellt. Wie man sieht, hat sich am Ende des ersten Tages die Empfindlichkeit der Hypokotylzylinder gegenüber den höheren IES-Konzentrationen noch wenig verändert. In der 10^{-7}-mol-Stufe nimmt die Wachstumsrate dagegen schon während der ersten 24 Std stark ab. Beim Fortschreiten der „Verarmung" sinken die Kurven der Zuwachsförderung in allen IES-Stufen weiter ab. Dabei fällt auf, daß die Empfindlichkeit der Hypokotyle gegen niedrigere Auxinkonzentrationen mit der Zeit beträchtlich stärker abnimmt als gegenüber höheren Konzentrationen.

Aus dem Versuchsergebnis kann ge-

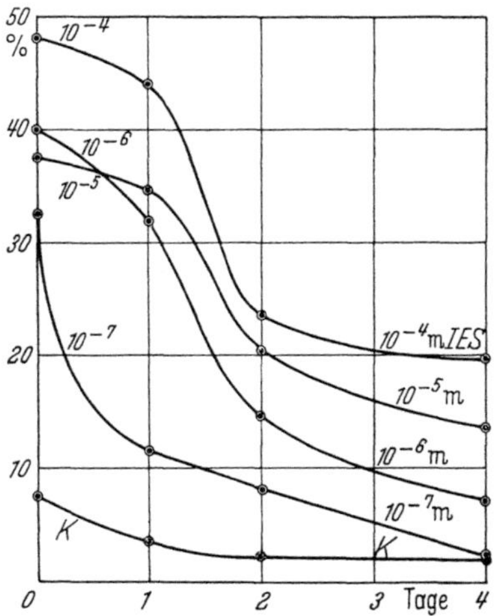

Abb. 14. Einfluß der Verarmungsdauer auf die Auxinempfindlichkeit des *Helianthus*-Hypokotyls. Abszisse: Zeit nach der Dekapitierung; Ordinate: Prozentualer Zuwachs der Hypokotylcylinder in den angegebenen IES-Konzentrationen. K IES-freie Pufferkontrolle. (Nach Brauner und Böck)

3*

schlossen werden, daß der Verlust des Krümmungsvermögens decapitierter Pflanzen (vgl. Versuch 26) nicht nur durch eine Abnahme des endogenen Auxinspiegels verursacht wird (am 4. Tag nach der Decapitierung ist der IES-Gehalt auf etwa 35% abgesunken), sondern auch durch einen drastischen Empfindlichkeitsverlust des Gewebes gegenüber dem noch verbliebenen Auxin.

Literatur

BRAUNER, L., u. A. BÖCK: Planta 60, 109—130 (1963).
RUGE, U.: Planta 27, 352—366 (1937).

Versuch 29

**Versuche zur Trennung von geotropischer Induktion
und Krümmungsreaktion**

Pflanzenmaterial: *Helianthus*-Keimlinge (Anzucht siehe Anhang S. 130).

Zubehör: 2 Kippstative (siehe Abb. 9); Kühlschrank (Temp. etwa $+4°$ C); IES-Lösung (10 mg/l); Glascapillaren (siehe Abb. 13); grünes Sicherheitslicht (siehe Anhang S. 134).

Zeitbedarf: Vorbereitung: 4 Tage, Durchführung: a) 6 Std, b) 20 Std.

a) Trennung von Induktion und Reaktion durch Abkühlen

Ausführung

Man beschickt 2 Kippstative mit je 6 möglichst gerade gewachsenen *Helianthus*-Keimlingen (Versuchsgruppe 1 und 2) und stellt beide in einem Kühlschrank bei etwa 4° C so auf, daß die Pflanzen vertikal stehen; alle Arbeiten werden bei schwachem orange Dunkelkammerlicht oder grünem Sicherheitslicht ausgeführt. Nach einer Vorkühlungszeit von 1 Std werden beide Stative im Kühlschrank um 90° gekippt; nach weiteren 3 Std stellt man die Pflanzen beider Gruppen wieder vertikal. Die Gruppe 1 wird jetzt aus dem Kühlschrank entnommen und auf etwa 20° C erwärmt. Die Gruppe 2 verbleibt in vertikaler Lage noch weiter im Kühlschrank. $1^{1}/_{2}$ Std nach dem Wiederaufrichten werden von den Pflanzen beider Gruppen Schattenbilder gezeichnet oder photographiert (siehe Versuch 16) und an diesen die Krümmungswinkel ausgemessen (siehe Abb. 10).

Ergebnis

Die Pflanzen der Gruppe 2 sind gerade geblieben. Dies beweist, daß sie bei einer Temperatur von $+4°$ C ihre Krümmungsfähigkeit eingebüßt haben. Nicht verloren gegangen ist dagegen ihre Fähigkeit, den geotropischen Reiz zu perzipieren: nach der Erwärmung auf 20° C entwickeln sich nämlich bei der Gruppe 1 in vertikaler Stellung Nachkrümmungen im Sinne der vorherigen Induktionslage (Krümmungswinkel über 30°).

b) Trennung von Induktion und Reaktion bei decapitierten Keimlingen

Ausführung

Man beschickt 2 Kippstative mit 4 Tage vor dem Versuch decapitierten *Helianthus*-Keimlingen (siehe Versuch 26). Die Pflanzen werden in einer feuchten Kammer bei etwa 20° C über Nacht (etwa 15 Std lang) horizontal gelegt. Die Hypokotylstümpfe, die am Ende der Expositionszeit noch völlig gerade geblieben sind, stellt man jetzt vertikal und versorgt sie von der Schnittfläche her durch Capillarröhrchen (siehe Abb. 13) mit IES-Lösung (10 mg/l): Stativ 1. Als Kontrolle dient ein zweiter Satz gleich vorbehandelter Pflanzen, deren Capillarröhrchen statt IES reines Wasser enthalten: Stativ 2. Nach 4 Std werden die eingetretenen Krümmungen nach der beim Versuch 16 beschriebenen Methode registriert und ausgemessen.

Ergebnis

Die Kontrollpflanzen mit wassergefüllten Capillaren zeigen keine geotropische Aufkrümmung. Durch Decapitation verarmte Hypokotyle sind also selbst bei Zimmertemperatur nicht imstande, sich geotropisch zu krümmen. In der Horizontallage muß aber dennoch eine geotropische Induktion stattgefunden haben, da sich bei den mit IES versorgten Pflanzen in Vertikalstellung kräftige Nachkrümmungen im Sinne der vorherigen Reizlage entwickeln (Krümmungswinkel etwa 27°).

Literatur

BRAUNER, L., u. A. HAGER: Planta **51**, 115—147 (1958).

Versuch 30

Die Nachwirkung der geotropischen Induktion in der Kälte (Dauer des geotropischen „Gedächtnisses")

Pflanzenmaterial: *Helianthus*-Keimlinge (Anzucht siehe Anhang S. 130).

Zubehör: 4 Kippstative (siehe Abb. 9); Kühlschrank (Temp. $+4°$ C); Einrichtung zur zeichnerischen oder photographischen Registrierung (siehe Versuch 16); grünes Sicherheitslicht (siehe Anhang S. 134).

Zeitbedarf: etwa 20 Std.

Ausführung

Man beschickt 4 Kippstative mit je 6 möglichst gerade gewachsenen *Helianthus*-Keimlingen (Versuchsgruppen 1 bis 4) und stellt sie in einem Kühlschrank bei etwa $+4°$ C so auf, daß die Pflanzen senkrecht stehen. Nach einer Vorkühlungszeit von 1 Std werden die Stative um 90° gekippt, nach weiteren 5 Std stellt man alle Pflanzen wieder senkrecht. Die Gruppe 1 wird sofort aus dem Kühlschrank entnommen und auf 20° C erwärmt; die Gruppen 2—4 bleiben weiter in Vertikalstellung im Kühlschrank und werden erst nach Wartezeiten von 3, 6 bzw. 12 Stunden erwärmt. Jeweils 1½ Std nach dem Erwärmen werden die entstandenen Krümmungen nach der beim Versuch 16 beschriebenen Methode registriert und ausgemessen. — Alle Arbeiten werden bei orangem Dunkelkammerlicht oder grünem Sicherheitslicht ausgeführt.

Ergebnis

Wie der Versuch 29 gezeigt hat, sind die *Helianthus*-Keimlinge bei $+4°$ C nicht imstande, Krümmungsbewegungen auszuführen; wohl aber können sie selbst bei dieser Temperatur noch den geotropischen Reiz perzipieren. Gruppe 1 des beschriebenen Versuchs, an der der Versuch 29 bei etwas längerer Reizdauer wiederholt wird, dient als Kontrolle bei der Wartezeit 0 Std. Der hier zu erwartende Krümmungswinkel wird etwa 37° betragen. Bei den Gruppen 2—4 nehmen die entstandenen Krümmungen mit zunehmender Wartezeit ab:

Wartezeit bei 4° C	3 Std	6 Std	12 Std
Krümmungsmaximum bei 20° C etwa:	26°	21°	13°

Die in der Horizontallage entstandene Induktion führt also auch dann noch zu Nachkrümmungen im Sinne der vorherigen Reizlage, wenn die Pflanzen nicht unmittelbar nach dem Wiederaufrichten, sondern erst nach bestimmten Wartezeiten bei $+4°$ C auf $+20°$ C erwärmt werden. Die in der Reizlage entstandene Querpolarisierung des Hypokotyls bleibt also bei $+4°$ C viele Stunden lang erhalten, obgleich sie dann noch nicht für eine Krümmungsreaktion ausgenützt werden kann (geotropisches „Gedächtnis").

Literatur

Brauner, L., u. A. Hager: Planta **51**, 115—147 (1958).

Versuch 31

Die asymmetrische Wuchsstoffabgabe eines geotropisch
gereizten Organs

Pflanzenmaterial: Keimpflanzen von *Zea mays* (Anzucht siehe Anhang S. 131); *Avena*-Koleoptilen (Anzucht siehe Anhang S. 131).

Zubehör:

Agarblöckchen: 1,5 g Agar werden etwa 24 Std lang in fließendem Leitungswasser gewässert und mit dest. Wasser auf 100 ml aufgefüllt; das Gemisch wird in einem Becherglas bis zur Lösung des Agars gekocht. Auf eine sorgfältig entfettete Glasplatte legt man eine kleine, genau 1,5 mm dicke Metallplatte (z. B. Messing, Aluminium), die in ihrer Mitte ein Loch von 2 bis 3 cm Durchmesser besitzt. In das Loch wird nun soviel von der heißen Agarlösung gegossen, daß die Lösung eine Kuppe bildet. Nach dem Erstarren (das man durch Aufsetzen der Glasplatte auf ein kaltes nasses Tuch beschleunigen kann) schneidet man die überstehende Kuppe mit einer Rasierklinge ab; die Dicke des Agars entspricht nun genau der Höhe der Metallplatte (1,5 mm). Das so gewonnene Agarscheibchen wird dann mit Hilfe eines Schneidegerätes, das aus einem Satz von 10 im Abstand von 2 mm parallel zueinander verschraubten Rasierklingen besteht, kreuzweise zerschnitten, so daß Agarblöckchen von 2 × 2 × 1,5 mm Seitenlänge entstehen; diese bewahrt man in einer feuchten Kammer auf, bis sie gebraucht werden.

Expositionskammer: An die Seitenwand einer Petrischale werden Schaumstoffblöckchen geklebt und mit einem horizontalen Einschnitt versehen, der so bemessen ist, daß man in ihm ein großes Deckglas (24 × 32 mm) mit der langen Kante einklemmen kann. Boden und Deckel der Petrischale werden mit feuchtem Filtrierpapier ausgekleidet (siehe Abb. 15).

Verschiedenes: Decapitationsschere (siehe WENT und THIMANN, 1937, S. 32); Pinzette, deren Innenflächen an der Spitze mit Korkstückchen bekleidet sind; Einrichtung zur photographischen Registrierung (siehe Versuch 16); Deckgläser (24 × 32 mm); Gelatinelösung; grünes Sicherheitslicht (siehe Anhang S. 134).

Zeitbedarf: etwa 5 Std.

Ausführung

1. A b f a n g e n   d e s   W u c h s s t o f f e s   i n   A g a r :

Alle Arbeiten werden in einer Dunkelkammer mit möglichst hoher relativer Luftfeuchtigkeit bei grünem Sicherheitslicht ausgeführt. Von Mais-Keimpflanzen werden 7 mm lange Koleoptilspitzen abgetrennt; nach Entfernung des eingeschlossenen Primärblattes schneidet man die Stücke von der Basis her senkrecht zur Ebene der Leitbündel genau median 4—5 mm weit ein. Je 6 derart vorbereitete Koleoptilspitzen werden nun auf die längere Kante eines großen Deckglases (24 × 32 mm) in gleichen Abständen vorsichtig so aufgesteckt, daß die beiden Hälften der Koleoptilbasis durch das Glas getrennt sind. Den basalen Schnittflächen der beiden Hälften setzt man je ein Agarblöckchen (2,0×2,0×1,5 mm) mit seiner quadratischen Fläche auf. Das mit den Koleoptilspitzen beschickte Deckglas wird dann in den horizontalen Einschnitt des Schaumstoffblöckchens an der Seitenwand der Expositionskammer gesteckt; dadurch sind die Koleoptilspitzen in horizontaler Lage fixiert (siehe Abb. 15). Schließlich wird der Deckel der Petrischale aufgesetzt und die ganze Anordnung etwa 2¹/₂ Std bei 22—25° C im Dunkeln belassen.

2. Bestimmung der Auxinmenge mit dem *Avena*-Krümmungstest:

12 völlig gerade *Avena*-Koleoptilen von etwa 25 mm Länge werden in einer Reihe derart aufgestellt und befestigt, daß sie einander ihre Schmalseiten zukehren. Mit der Decapitierungsschere wird ein 3—4 mm langes

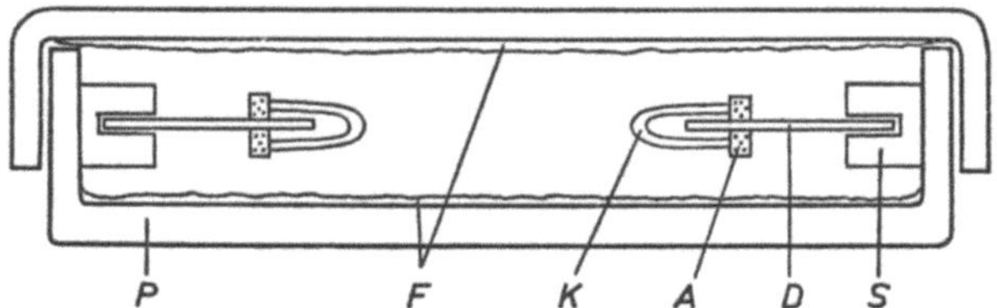

Abb. 15. Anordnung des Versuchs 31: *P* Petrischale; *F* Filtrierpapier; *K* Koleoptile; *A* Agarblöckchen; *D* Deckglas; *S* Schaumstoffwürfel

Spitzenstück abgeschnitten, ohne das Primärblatt zu verletzen. Das Primärblatt wird nun an seinem über die Koleoptile herausragenden Teil mit einer korkbelegten Pinzette gefaßt, durch einen ruckartigen Zug nach oben an seiner Basis abgerissen und dabei einige mm aus der Koleoptile herausgezogen.

Die von der Ober- und der Unterseite der Mais-Koleoptilspitzen abgenommenen Agarblöckchen werden in zwei Parallelreihen mit einem kleinen Metallspatel so auf eine Schmalseite der Koleoptilstümpfe aufgesetzt, daß sie in der Ecke zwischen Primärblatt und Koleoptile liegen und dem Primärblatt eine ihrer rechteckigen Flächen (2,0 × 1,5 mm) zukehren. Um einen guten Kontakt der Agarblöckchen zu sichern, klebt man sie mit einem kleinen Tupfen nicht zu warmer Gelatinelösung an der Schnittfläche an; die dazu verwendete Gelatine sollte 24 Std lang gewässert sein. Die mit einem Agarblöckchen versehenen Koleoptilen stellt man im Dunkeln bei 22 bis 25° C und 80—90% relativer Luftfeuchtigkeit auf. Nach 90—120 min werden von ihnen nach der in Versuch 16 beschriebenen Methode Photogramme angefertigt und auf diesen die Krümmungswinkel ausgemessen.

Ergebnis

Der im *Avena*-Test entstehende Krümmungswinkel dient als Maß für die Auxinmenge, die von den Ober- und Unterhälften der geotropisch exponierten Koleoptilspitzen an den Agar abgegeben wurde. Dieser Krümmungswinkel schwankt je nach der verwendeten Mais- und Hafersorte, sowie nach dem Alter des Saatguts. Da auch innerhalb des gleichen Versuchsansatzes die erzielten Krümmungen erheblich schwanken können, muß der Versuch mehrmals wiederholt werden. Der Mittelwert der im *Avena*-Krümmungstest erzielten Krümmungswinkel beträgt bei den Agarblöckchen von der Oberseite etwa 15°, bei denen von der Unterseite etwa 25°.

Unter dem Einfluß der Schwerkraft wird also auf der Unterseite des Organs mehr Wuchsstoff zur Basis transportiert als auf der Oberseite. Die Ursache dafür ist ein schwerkraftinduzierter Quertransport des Wuchsstoffs im intakten Spitzenteil der Koleoptile und seine schnellere basipetale Ableitung in der unteren Flanke des Organs.

Literatur

Brauner, L., u. E. Appel: Planta 55, 226—234 (1960).
Dolk, H. E.: Rec. Trav. bot. néerl. 33, 509—585 (1936).
Gillespie, B., and W. R. Briggs: Plant Physiol. 36, 364—368 (1961).
Söding, H.: Die Wuchsstofflehre. Stuttgart: G. Thieme 1952.
Went, F. W., and K. V. Thimann: Phytohormones. New York: Macmillan Co. 1937.

Versuch 32

Nachweis des Wuchsstoff-Quertransportes beim Geotropismus mit Hilfe von radioaktiv markierter Indolylessigsäure

Pflanzenmaterial: Keimpflanzen von *Zea mays* (Anzucht siehe Anhang S. 131).

Zubehör:

Methandurchflußzähler; radioaktiv markierte IES; entfettete Objektträger; Agar-Gußformen; entfettete runde Aluminiumplättchen (Durchmesser 25 mm, Dicke 0,1 mm); Exsikkator; Trockenlampe; grünes Sicherheitslicht (siehe Anhang S. 134).

Agarblöckchen: Blöckchen ohne IES werden in der gleichen Weise wie für den Versuch 31 hergestellt; sie müssen $1 \times 3 \times 3$ mm groß sein. Zur Gewinnung von IES-^{14}C-haltigen Blöckchen verwendet man Carboxyl-markierte (1-^{14}C) IES von möglichst hoher spezifischer Aktivität. Will man eine Kontamination der Luft durch $^{14}CO_2$-Abgabe (Wirkung der IES-Oxydase des Gewebes) auf jeden Fall vermeiden, so kann man ohne wesentliche Beeinträchtigung des Versuchserfolges auch 2-^{14}C-markierte IES benützen. Die für den Versuch und seine etwaigen Wiederholungen notwendige Menge (1—2 ml) einer 10^{-5} molaren IES-^{14}C-Lösung wird mit 1,5% gewaschenem Agar versetzt. Das Gemisch wird durch Erhitzen verflüssigt und, wie in Versuch 31 beschrieben, in eine Gußform gefüllt. In der hierzu verwendeten Metallplatte soll statt eines runden Loches ein Schlitz von genau 3 mm Breite und etwa 4 cm Länge ausgefräst sein. Nach dem Erkalten des Agars wird die überstehende Kuppe abgeschnitten und der gewonnene Streifen in 3 mm lange Stücke zerschnitten.

Ferner stellt man größere Agarstreifen (1 mm hoch, 5 mm breit, 50 mm lang) mit Hilfe einer entsprechenden Gußform auf die gleiche Weise her.

Prinzip der Methode

Führt man einem Sproß oder einer Koleoptile Indolyl-Essigsäure (IES) von einer apikalen Schnittfläche her zu, so wird der Wuchsstoff in basipetaler Richtung transportiert. Verwendet man durch Einbau von ^{14}C-Atomen markierte IES, so muß sich die Radioaktivität nach genügend langer Transportzeit in einem Agarblöckchen, das man an die basale Schnittfläche des Organs angesetzt hat („Acceptor"), nachweisen lassen. Auf diese Weise kann man die Menge des transportierten Auxins auch quantitativ bestimmen. Will man ferner untersuchen, ob im Gewebe neben diesem Längstransport auch noch eine schwerkraftabhängige Querverschiebung des Wuchsstoffs stattfindet, so muß man zwei weitere „Acceptoren" ansetzen: Einen auf der physikalischen Oberseite, den anderen auf der Unterseite des horizontal exponierten Organs. Bei Überwiegen des Quertransportes in Richtung der Schwerkraft müßte dann der „Acceptor" auf der *Unter*seite mehr Radioaktivität gewonnen haben, als der auf der *Ober*seite.

Ausführung

Mais-Koleoptilen werden 3 mm weit decapitiert. Durch vorsichtiges Einschneiden, Abbrechen und Abziehen vom Primärblatt stellt man 10 mm lange leere Koleoptilzylinder her. Diese Zylinder werden senkrecht zur Ebene ihrer beiden Leitbündel möglichst genau median längs gespalten. Jeweils eine Hälfte wird für die Versuchsgruppe 1, die andere für die Gruppe 2 verwendet.

Auf einen sorgfältig entfetteten Objektträger bringt man nun einen langen Agarstreifen (1 mm hoch, 5 mm breit, 50 mm lang) und legt auf diesen in regelmäßigen Abständen 10 Koleoptilzylinderhälften mit ihren Schnittflächen auf (vgl. Abb. 16). Um einen guten Kontakt des Gewebes mit

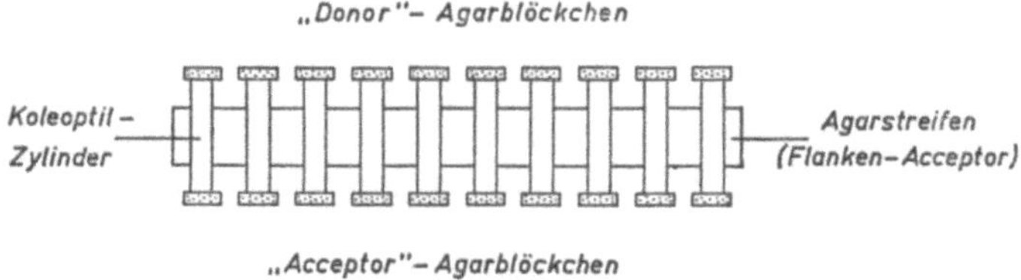

Abb. 16. Anordnung des Versuchs 32

dem Agar zu gewährleisten, müssen die Zylinderhälften vorsichtig angedrückt werden. Gegen die apikalen Schnittflächen stellt man Agarblöckchen (1 × 3 × 3 mm), die IES-^{14}C enthalten („Donor"), gegen die basale Schnittfläche solche ohne IES („Basis-Acceptor"); die Agarblöckchen sollen mit ihrer quadratischen Seite (3 × 3 mm) an den Schnittflächen anliegen (siehe Abb. 16). Ein Objektträger wird mit den Koleoptilzylinderhälften der Versuchsgruppe 1, ein zweiter mit denen der Gruppe 2 beschickt. Alle Arbeiten werden in einer Dunkelkammer mit möglichst hoher relativer Luftfeuchtigkeit bei grünem Sicherheitslicht ausgeführt.

Nun legt man den einen Objektträger mit den Versuchspflanzen nach oben (Gruppe 1), den anderen invers, mit den Versuchspflanzen nach unten

(Gruppe 2), in eine feuchte Kammer (Petrischale); um eine Berührung der Spalthälften mit dem Boden der Schale zu verhindern, werden die freien Enden der Objektträger durch entsprechend hohe Unterlagen unterstützt. Durch diese beiden Anordnungen wird erreicht, daß der Agarstreifen („Flanken-Acceptor") in der ersten Stellung (Gruppe 1) auf der physikalischen Unterseite, in der zweiten (Gruppe 2) auf der Oberseite liegt. Die feuchte Kammer stellt man im Dunkeln bei 22—25° C auf.

Nach etwa 1¹/₂ Std nimmt man sämtliche „Acceptor"-Agarblöckchen ab und legt sie nach Versuchsgruppen getrennt, in gleichmäßiger Verteilung auf je einem runden, sorgfältig entfetteten Aluminiumplättchen (Durchmesser 25 mm, Dicke 0,1 mm) aus. Von den Agarstreifen werden die Koleoptilzylinderhälften vorsichtig entfernt; sodann werden die Streifen zerschnitten und ebenfalls nach Versuchsgruppen getrennt auf eigene Aluminiumplättchen gleichmäßig verteilt. Der Agar wird nun vollständig getrocknet, indem man die Aluminiumplättchen zunächst einige Stunden in einen Exsikkator bringt und sie dann vor dem Messen einige Minuten unter eine Rotlichtlampe legt. Die Radioaktivität wird in einem Methandurchflußzähler gemessen (vgl. die Betriebsanweisung zu dem verfügbaren Gerät) und unter Berücksichtigung des Blindwerts („background") in Impulse/min umgerechnet; die Zähldauer soll für jede Probe einige Minuten betragen. Um verläßliche Meßwerte zu erhalten, muß der Versuch mehrmals wiederholt werden.

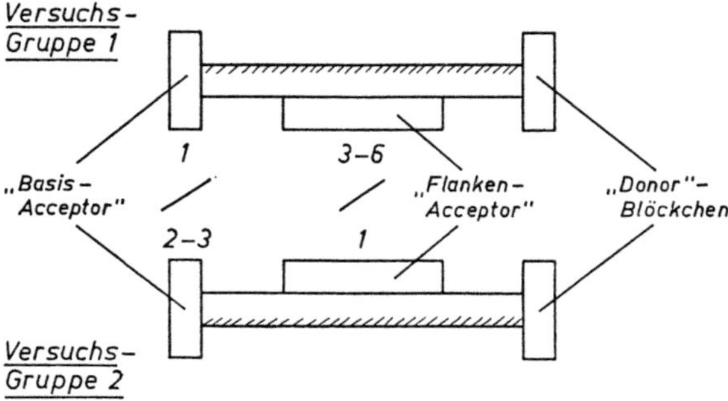

Abb. 17. Schematische Darstellung des Ergebnisses von Versuch 32. Zahlen: Relative Radioaktivität

Ergebnis

Das Versuchsergebnis kann nicht in absoluten Werten angegeben werden, weil die meßbare Aktivität in den einzelnen Acceptorblöckchen von sehr vielen Faktoren, wie z. B. der spezifischen Aktivität der verwendeten IES, von der verwendeten Maissorte, der Ausbeute des Zählers usw., abhängt. Vergleicht man die „Basis-Acceptoren" (Blöckchen) und die „Flanken-Acceptoren" (Streifen) der beiden Versuchsgruppen miteinander, so ergeben sich folgende Relativwerte (siehe Abb. 17); der „Basis-Acceptor" ist bei der Versuchsgruppe 2 etwa 2- bis 3mal so aktiv wie bei der Versuchsgruppe 1; der „Flanken-Acceptor" hat bei der Versuchsgruppe 1 etwa 3- bis 6mal soviel an Aktivität gewonnen wie bei der Versuchsgruppe 2. Die horizontal exponierten Koleoptilhälften geben also nach unten beträchtlich mehr Wuchsstoff ab als nach oben; gleichzeitig wird der Transport zur basalen Schnittfläche geringer. Dieses Ergebnis kann nur durch einen Wuchsstoffquertransport in Richtung der Schwerkraft erklärt werden.

Literatur
Gillespie, B., and K. V. Thimann: Experientia **17**, 126—129 (1961).
Hager, A., u. U. Schmidt: Ber. dtsch. bot. Ges. LXXVI, 329—341 (1963).

Versuch 33

Beobachtung der Verlagerung von „Statolithenstärke"

Pflanzenmaterial: Gerade Stengelabschnitte von *Tradescantia virginica* oder *Zebrina pendula; Avena*-Koleoptilen (Anzucht siehe Anhang S. 131).

Zubehör: Kleine Glasküvette mit Deckel als feuchte Kammer; kippbares Mikroskop mit drehbarem Objekttisch; Mikroskopierleuchte; Wärmefilter; Präparierzeug; Jod-Jodkalium; Kakaobutter.

Zeitbedarf: 1—2 Std.

Ausführung und Ergebnis

a) Möglichst gerade Stengelabschnitte von *Tradescantia* oder *Zebrina* mit einem Knoten in ihrer Mitte werden in einer feuchten Kammer vertikal aufgestellt. Nach etwa 1 Std fertigt man mediane Längsschnitte durch den Knoten an und markiert deren unteres Ende. Die Schnitte werden dann auf einem Objektträger zur Anfärbung der Stärkekörner mit Jod-Jodkalium-Lösung behandelt.

Untersucht man bei mittlerer Vergrößerung die peripheren Teile des Schnittes, so läßt sich hier eine deutliche „Stärkescheide" erkennen. Sie ist aus regelmäßig angeordneten rechteckigen Zellen aufgebaut, die sich durch ihren Gehalt an besonders großen Stärkekörnern auszeichnen. Diese Körner liegen vorwiegend auf den ursprünglich basalen Querwänden der Zellen (Abb. 18).

Für die nächste Beobachtung werden einige entsprechende Stengelstücke in der feuchten Kammer 30 min lang horizontal gelegt und nach Markierung der vorherigen Unterseite in dünne Schnitte zerlegt. Nach deren Anfärbung mit Jodlösung sieht man, daß die Stärkekörner sich in allen Zellen der Scheide an der Längswand angesammelt haben, die bei der Horizontalexposition unten lag. Die Körner wandern also offenbar unter dem Einfluß der Schwerkraft in der Zelle nach unten. Da sie sich in dieser Hinsicht wie die „Statolithen" in den Gleichgewichtsorganen mancher Tiere verhalten, bezeichnet man sie als „Statolithenstärke“. Daß diese Verlagerung in allen Zellen der Stärkescheide erfolgt, läßt sich an vollständigen *Querschnitten* durch den horizontal exponierten Knoten erkennen: Die Stärkekörner be-

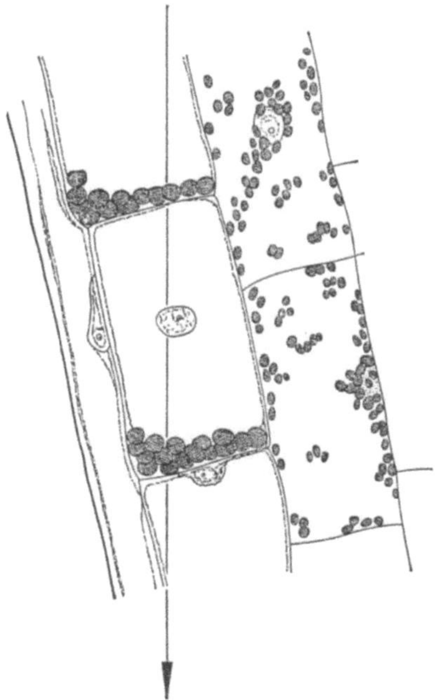

Abb. 18. Teil eines radialen Längsschnitts durch einen schiefgestellten Stengelknoten von *Tradescantia virginica*. Der Pfeil gibt die Schwerkraftrichtung an (nach HABERLANDT)

finden sich immer auf den jeweils unten gelegenen Zellwänden, also in der unteren Flanke des Organs an den *äußeren* Periklinalwänden, in seiner *oberen* Flanke an den inneren Periklinalwänden und in den Seitenflanken auf den Antiklinalwänden.

b) Keimpflanzen von *Avena*, bei denen das Primärblatt die Spitze der Koleoptile noch nicht ausfüllt, werden vorsichtig aus dem Anzuchtgefäß entnommen und, ohne ihre vertikale Lage zu verändern, mit ihrem Korn auf einem Objektträger durch einen Tropfen geschmolzener Kakaobutter festgeklebt. Der Objektträger wird so auf dem drehbaren Tisch eines horizontal umgelegten Mikroskops befestigt, daß die Koleoptile genau senkrecht steht und der durchsichtige Spitzenteil der Koleoptile im Gesichtsfeld liegt. Als Lichtquelle dient eine starke Mikroskopierleuchte; in den Strahlengang muß der Kondensor des Mikroskops sowie ein Wärmeschutzfilter (Glasfilter oder Küvette mit $CuSO_4$-Lösung) eingeschaltet werden. Man stellt bei mittlerer Vergrößerung (etwa $500\times$) auf die obersten Zellschichten ein und beobachtet in ihnen die Lage der Stärkekörner; sie sind in fast allen Zellen auf der basalen Querwand angesammelt.

Nun wird der Objekttisch um 90° gedreht, so daß die Koleoptile jetzt horizontal liegt; anschließend beobachtet man die Verlagerung der Statolithenstärke. Die Stärkekörner beginnen sofort auf die jetzt unten liegende Längswand herabzugleiten. Nach 10—20 min ist die Bewegung beendet.

„Statolithenstärke" findet sich in vielen geotropisch empfindlichen Pflanzenteilen, vor allem in der Stärkescheide der Sproßinternodien, in den Spitzen der Wurzeln und der Koleoptilen. Ob die „Statolithenstärke" oder auch andere als „Statolithen" wirkende verlagerbare Plasmaeinschlüsse entscheidend am Aufnahmemechanismus für den geotropischen Reiz beteiligt sind, ist noch nicht eindeutig geklärt.

Literatur

BRAUNER, L.: Handbuch der Pflanzenphysiologie. Bd. XVII/2, 74—102. Berlin-
  Göttingen-Heidelberg: Springer 1962.
HABERLANDT, G.: Ber. dtsch. bot. Ges. **18**, 261—272 (1900).
NĔMEC, B.: Ber. dtsch. bot. Ges. **18**, 241—245 (1900).

3. Plagiogeotropismus
Versuch 34
Plagiogeotropismus von Seitenwurzeln

Pflanzenmaterial: Samen von *Vicia faba*.

Zubehör: Wurzelkasten nach SACHS (siehe Abb. 19). Der Kasten wird zweckmäßigerweise aus verzinktem Eisenblech hergestellt. Seine beiden Längswände, die aus kräftigen Glasplatten bestehen, sollen gegen die Vertikale um etwa 10° nach unten gegeneinander geneigt sein. Zum Verschluß dient ein übergreifender Blechdeckel, der zur Erleichterung des Gasaustausches ebenso wie auch die Querwände des Kastens mit zahlreichen kleinen Löchern versehen ist.

Zeitbedarf: 10—14 Tage.

Ausführung

Samen von *Vicia faba* werden, mit der Mikropyle nach unten gerichtet, in feuchtem Sägemehl angekeimt, bis die Hauptwurzel eine Länge von etwa 3 cm erreicht hat. Man füllt nun den Wurzelkasten bis zum Rand mit gut durchfeuchteter, gesiebter Komposterde und achtet dabei darauf, daß sie gleichmäßig festgedrückt wird. An den beiden Längswänden setzt man je zwei angekeimte Bohnen nebeneinander im Abstand von etwa 20 cm möglichst dicht an die Glasplatten 2—3 cm tief in die Erde ein und stellt den bepflanzten Kasten im Dunkeln bei einer Temperatur von 20—25° C auf. Nach 4 bis 5 Tagen haben die Hauptwurzeln eine Länge von 10—15 cm erreicht, die obersten Seitenwurzeln sind dann etwa 5 cm lang geworden. Da

die Glasscheiben nach unten gegeneinander geneigt stehen, preßt sich das
Wurzelwerk infolge seines geotropischen Verhaltens dicht an sie an und läßt
sich deshalb gut beobachten. — Falls sich die Erde in dieser Zeit etwas abgesetzt

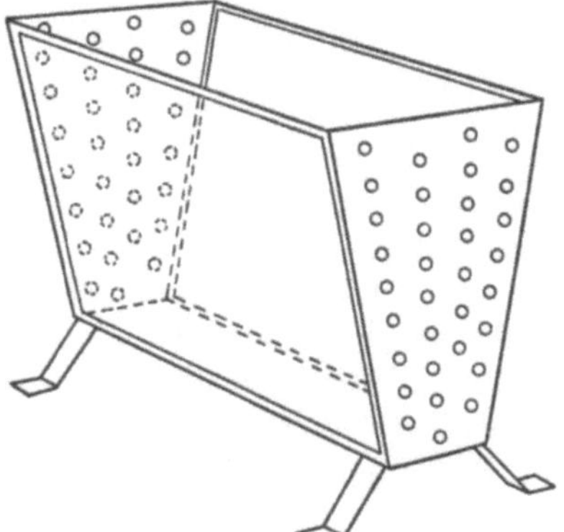

Abb. 19. Wurzelkasten nach SACHS

hat, füllt man den Kasten nun erneut bis zum Rand auf. Nunmehr wird er mit
seinem Deckel fest verschlossen und dann um 180° gekippt. Dabei ist der
Kasten in der Richtung der Glasscheibe, die beobachtet werden soll, so weit
zu neigen, daß diese wieder ebenso schräg steht wie in der Ausgangsstellung

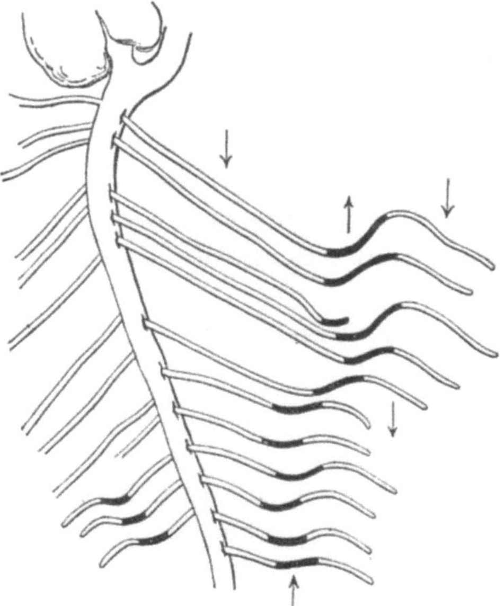

Abb. 20. *Vicia faba* in Erde hinter Glaswand gewachsen; anfangs in normaler (↓), dann in umge-
kehrter (↑), zuletzt wieder in normaler Stellung (↓); weiß: Zuwachs und Wachstumsrichtung in
Normallage, schwarz: in Inverslage der Pflanzen (nach SACHS)

(etwa 10°). 2—3 Tage später wird der Kasten wieder in seine Ausgangslage gebracht und in dieser Stellung weitere 2—3 Tage belassen. Während
der ganzen Versuchszeit hält man die Erde gleichmäßig feucht. Das Verhalten der Wurzeln wird bei orangem Dunkelkammerlicht beobachtet und
dabei der Winkel des Zuwachses mit der Vertikalen in den 3 aufeinanderfolgenden Stellungen ausgemessen.

Ergebnis

Während die Hauptwurzel des sich entwickelnden Wurzelsystems positiv
geotropisch nach unten wächst, reagieren die Seitenwurzeln 1. Ordnung
plagiogeotropisch, d. h. sie wachsen in einem bestimmten Winkel (etwa
40—60°) schräg von der vertikalen Hauptwurzel weg. In der Inverslage
haben die Seitenwurzeln ihre Wachstumsrichtung im gleichen Sinn geändert:
Die in dieser Zeit zugewachsenen Abschnitte bilden nun mit der neuen Richtung der Schwerkraft ebenfalls einen Winkel von 40—60°. Bei erneuter
Drehung um 180°, also nach der Rückkehr in die Ausgangslage kehren die
Seitenwurzeln wieder annähernd in ihre ursprüngliche Wachstumsrichtung
zurück (siehe Abb. 20).

Literatur
SACHS, J.: Arbeiten des Botan. Instituts Würzburg *I*, 385—474 und 584—634
    (1874).

4. Änderungen im geotropischen Verhalten

Versuch 35

Änderung der geotropischen Reaktionsrichtung bei Blütenstielen (Nickbewegungen)

Pflanzenmaterial: Schalenkulturen von jungen *Papaver rhoeas*-Pflanzen
mit Blütenknospen.

Zubehör: Meßzirkel; Winkelmesser.

Zeitbedarf: etwa 14 Tage.

Ausführung

Einige Pflanzen von *Papaver rhoeas* mit Blütenknospen verschiedenen
Alters werden mit Nummern gekennzeichnet. Die jüngsten Knospenanlagen
sollen noch senkrecht nach oben stehen. Sobald sich die Knospen mit zunehmendem Alter zu senken beginnen, wird 1- bis 2mal täglich der Winkel
zwischen dem basalen und dem apikalen Teil des Blütenstiels auf folgende
Weise gemessen: Man legt den einen Schenkel eines Meßzirkels möglichst
parallel an den vertikalen Basalteil, den anderen Schenkel an die obersten

1—2 cm des bereits gekrümmten Teils des Stiels an und bestimmt den Winkel zwischen den beiden Schenkeln. Die Messung wird so lange fortgesetzt, bis der Blütenstiel seine endgültige gerade Stellung wieder erreicht hat.

Ergebnis

Die Stiele sehr junger Blütenknospen sind annähernd gerade. In einem bestimmten Entwicklungsstadium krümmen sie sich innerhalb einer Woche um etwa 180° abwärts, so daß die Knospen senkrecht nach unten hängen. Einige Tage vor dem Aufblühen beginnt der Knospenstiel sich wieder aufzukrümmen, bis er nach einer weiteren Woche beim Öffnen der Blüte sich wieder gerade gestreckt hat. Die Aufrichtung beginnt im basalen Teil der Krümmungszone und setzt sich in apikaler Richtung fort.

Die Nickbewegung wird durch die Wuchsstoffbelieferung des Stiels von der Knospe gesteuert und beruht wahrscheinlich auf einem Zusammenwirken von negativem Geotropismus und geisch induzierter Epinastie.

Literatur

KALDEWEY, H.: Handbuch der Pflanzenphysiologie. Bd. XVII/2, 200—321. Berlin-Göttingen-Heidelberg: Springer 1962.
VÖCHTING, H.: Die Bewegungen der Blüthen und Früchte. Bonn: Cohen u. Sohn 1882.

Versuch 36

Das Aufrichten plagiotroper Seitenzweige nach Entfernung des Haupttriebes

Pflanzenmaterial: Nicht zu junge Topfpflanzen von *Coleus blumei*.
Zubehör: Winkelmesser; Rasierklinge.
Zeitbedarf: 8—14 Tage.

Ausführung und Ergebnis

Die Haupttriebe einiger Pflanzen werden kurz über der Ansatzstelle eines etwa 10 cm langen Seitenzweig-Paares abgeschnitten. Danach stellt man die Pflanzen im Gewächshaus bei diffusem Licht auf und beobachtet sie 8—14 Tage lang.

An der intakten Pflanze wachsen die Seitenzweige plagiotropisch; sie bilden mit dem Hauptsproß einen Winkel von etwa 70—80°. Nach dem Abschneiden des Gipfeltriebs richten sie sich je nach den Wachstumsbedingungen innerhalb von 8 bis 14 Tagen auf, so daß sie schließlich nur noch um 10 bis 20° von der Hauptachse abstehen.

Diese Änderung im geotropischen Verhalten läßt sich folgendermaßen verstehen: Die Seitentriebe reagieren an sich negativ geotropisch. Durch den hormonalen Einfluß der Gipfelknospe wird in ihnen eine Epinastie des Wachstums induziert („Korrelation"), die im Zusammenwirken mit dem negativen Geotropismus zu einer plagiotropischen Einstellung führt. Wird der Einfluß der Gipfelknospe durch Decapitation eliminiert, so tritt die negativ geotropische Reaktionstendenz der Seitenorgane ungehemmt in Erscheinung.

Literatur

KALDEWEY, H.: Handbuch der Pflanzenphysiologie. Bd. XVII/2, S. 200—321 (vor allem S. 243—245). Berlin-Göttingen-Heidelberg: Springer 1962.

Versuch 37

Auslösung des geotropischen Reaktionsvermögens durch Rotlicht

Pflanzenmaterial: Samen von *Sinapis alba.*

Zubehör: Glasschalen mit Deckel ($\emptyset$ 7—10 cm, Höhe 4—5 cm); Filtrierpapier; schwarzes Papier; Brutschrank (25° C).

Lichtquelle: Das für den Versuch benötigte hellrote Licht kann in ausreichender spektraler Reinheit und in genügender Intensität durch eine rote Leuchtstoffröhre Philips TL 40 W/15 bei Vorschaltung eines der angegebenen Lichtfilter gewonnen werden:

2 Lagen von rotem Du Pont-Cellophan

oder: rotes Plexiglas (2 mm dick, No. 501, Fa. Röhm u. Haas, Darmstadt)

oder: 2 Lagen von Cellon-Folie „S", C 12/846 (Dynamit-Nobel AG).

Das auf diese Weise gefilterte Licht ist phototropisch unwirksam und enthält nur wenig Infrarot.

Zeitbedarf: 3 Tage.

Ausführung

Der Boden von zwei Glasschalen wird mit je 3 Lagen Filtrierpapier ausgelegt und mit so viel Leitungswasser befeuchtet, daß auf der Oberfläche des Papiers eine dünne Wasserschicht steht. In jede Schale sät man 10 Samen von *Sinapis alba* in etwa gleichen Abständen aus. Nach dem Aufsetzen des Deckels werden die Gefäße lichtdicht mit schwarzem Papier eingehüllt und in einen Dunkel-Brutschrank (25° C) gestellt. Nach etwa 24 Std wird eine der beiden Schalen aus dem Schrank genommen und nach Entfernung der Hülle aus 20 cm Entfernung 1 Std lang mit hellrotem Licht bestrahlt. Anschließend wird die Schale weitere 24 Std im Brutschrank dunkelgestellt, noch einmal in derselben Weise belichtet und schließlich bis zum Ende der Versuchszeit im Dunkelschrank belassen. Insgesamt 72 Std nach der Aussaat werden die belichteten und die unbelichteten Keimlinge miteinander verglichen.

Ergebnis

Die Hypokotyle der Keimpflanzen, die in völliger Dunkelheit angezogen wurden, haben sich ohne bestimmte Orientierung im Raum stark bogenförmig gekrümmt. Bei den belichteten Keimlingen dagegen sind die Hypokotyle gerade gewachsen und haben sich schon frühzeitig nahe am Wurzelansatz vertikal aufgerichtet. Aus diesem Ergebnis kann geschlossen werden, daß die unbelichteten Keimpflanzen nicht geotropisch reagieren, daß aber Bestrahlung mit hellrotem Licht das geotropische Reaktionsvermögen zu induzieren vermag.

Das beobachtete Phänomen kann nicht auf einer positiven phototropischen Krümmung beruhen, da das verwendete Licht, wie sich leicht prüfen läßt, phototropisch unwirksam ist. Die Bestrahlung wirkt vermutlich über das Phytochrom (Hellrot/Dunkelrot)-System, von dem viele morphogenetische Prozesse gesteuert werden.

Literatur

MOHR, H., u. I. PICHLER: Planta **55**, 57—66 (1960).

II. Phototropismus

1. Turgorphototropismus

Versuch 38

Phototropismus der Blattgelenke von *Phaseolus*

Pflanzenmaterial: *Phaseolus multiflorus* (Anzucht siehe Anhang S. 131).

Zubehör: Holzstäbe; Draht (etwa 1 mm dick); Bindebast; Seidenfaden; Trinkstrohhalm; Stativmaterial; Plastilin; Niedervolt-Mikroskopierleuchte; Wärmeschutzfilter (z. B. Schott KG 1); größere Glaswanne; Mikroskop; Präparierzeug; grünes Sicherheitslicht (siehe Anhang S. 134).

Zeitbedarf: 3—4 Std.

a) Die Reaktion in Luft

Ausführung

Da bei diesem Versuch nur das Verhalten des *oberen* Blattgelenks untersucht werden soll, muß eine gleichzeitige Bewegung des unteren Gelenks verhindert werden. Dazu eignet sich die gleiche Anordnung, die bereits beim entsprechenden geotropischen Versuch (siehe Versuch 13) beschrieben worden ist; da hier die Pflanze nicht gekippt zu werden braucht, erübrigt sich die Bedeckung der Erde mit Gipsbrei.

Nun wird an der Mittelrippe des Blattes ein dünner etwa 20 cm langer Seidenfaden 3 cm vom Gelenk entfernt befestigt; dieser wird mit dem Ende eines leichten 22 cm langen Stäbchens (Trinkstrohhalm) verbunden, das an

4*

einem kurzen Faden in 2 cm Abstand vom Ende aufgehängt ist (siehe
Abb. 21 a); an das freie Ende des Stäbchens klebt man als Zeigerspitze ein
kurzes Stück einer dicken Borste oder einer Glascapillare an. Die Befesti-

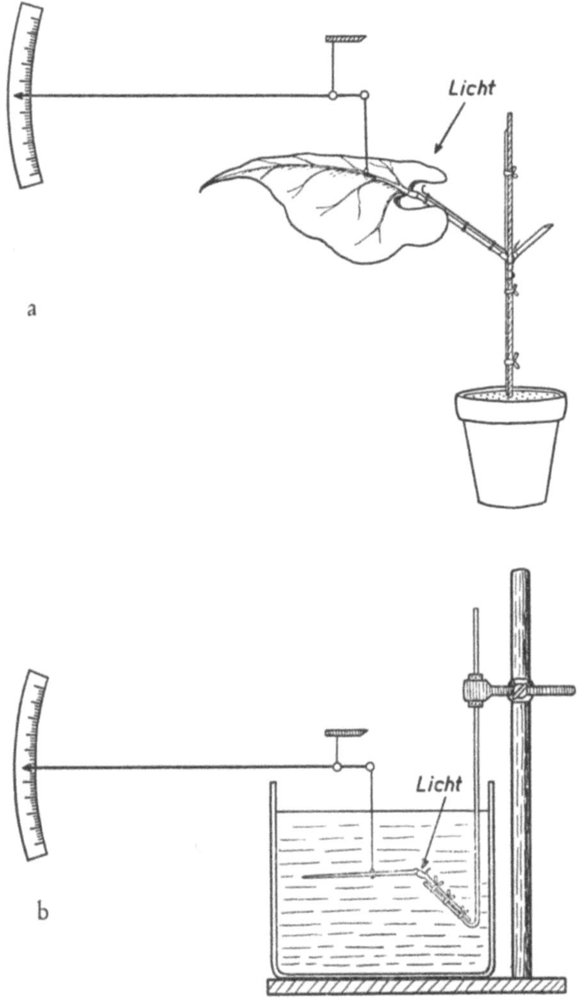

Abb. 21 a u. b. Versuchsanordnung zur Messung der phototropischen Reaktion von *Phaseolus*-Blatt-
gelenken. a in Luft; b unter Wasser

gung der Fäden erfolgt zweckmäßigerweise durch Plastilin, damit ihre
Länge leicht variiert werden kann; der Hebel muß durch ein Ausgleichs-
gewicht (Plastilinkügelchen) so belastet sein, daß der Faden zum Blatt zwar
unter einem leichten Zug steht, das Blatt aber nicht zu stark hochzieht.

Die auf diese Weise vorbereiteten Pflanzen werden am Abend vor dem Versuch in einer Dunkelkammer bei grünem Sicherheitslicht aufgestellt. Zum Versuch orientiert man den Hebel durch Veränderung seiner Aufhängung so, daß er genau horizontal steht. Hinter dem freien Ende des Hebels wird eine bogenförmige Skala mit mm-Einteilung angebracht; unter den gewählten Bedingungen entspricht eine Wanderung der Zeigerspitze von 5 mm einer Hebung oder Senkung des Blattes um etwa 1°.

Das Blattgelenk wird nun von oben oder unten durch eine Niedervolt-Mikroskopierleuchte mit etwa 1000 Lux belichtet; um eine zu starke Erwärmung zu vermeiden, wird in den Strahlengang ein Wärmeschutzfilter (z. B. Schott KG 1) eingeschaltet. Man verfolgt die Reaktion durch Ablesung der Zeigerbewegung in Abständen von 5 min insgesamt 1 h lang.

Ergebnis

Bei Belichtung von oben tritt eine Blatthebung, bei Belichtung von unten eine Blattsenkung ein; das Blattgelenk reagiert also positiv phototropisch. Die Bewegung beginnt etwa 5 min nach dem Einschalten des Reizlichts, verläuft etwa 15 min lang relativ rasch und setzt sich dann mit geringerer aber konstanter Geschwindigkeit weiter fort. Nach 1 h sind bei oberseitiger Belichtung Krümmungswinkel von 4°—5°, bei unterseitiger Belichtung solche von 8°—10° zu erwarten. Um verläßliche Mittelwerte zu erhalten, muß der Versuch mehrmals wiederholt werden. Die Krümmung wird durch eine Turgordifferenz verursacht, die bei einseitiger Belichtung zwischen den beiden Flanken des Gelenks entsteht. Die Beeinflussung des Turgors könnte prinzipiell durch eine Veränderung des osmotischen Wertes oder des Permeabilitätszustandes in der belichteten Flanke zustande kommen. Eine Entscheidung zwischen diesen beiden Möglichkeiten ist durch einen Vergleich der Reaktionen möglich, die die Blattgelenke bei gleicher Belichtung in Luft und Wasser ausführen.

b) Die Reaktion in Wasser

Das Primärblatt einer *Phaseolus*-Pflanze wird kurz oberhalb des Basalgelenkes abgeschnitten und der Blattstiel unter Wasser um 1 cm gekürzt. Sodann wird dieser an das schräg nach oben gebogene Ende eines Glasstabes mit Bast angebunden. An der Mittelrippe wird in der im Abschnitt a) beschriebenen Weise ein Seidenfaden befestigt und mit einem Hebelzeiger verbunden. Nun bringt man das Blatt in eine größere, mit Leitungswasser von Zimmertemperatur gefüllte Glaswanne und fixiert es durch Einspannen des Glasstabes in natürlicher Lage; das Blatt muß dabei vollständig mit Wasser bedeckt sein (siehe Abb. 21 b). Um eine Reibung der Blattränder an der Wand der Glaswanne zu vermeiden, kann ein beträchtlicher Teil der Blattspreite ohne Beeinträchtigung der Reaktion entfernt werden. Die Wundflächen werden dann mit geschmolzener Kakaobutter bepinselt. Nach der richtigen

Orientierung des Hebelzeigers an der Skala wird das Blattgelenk von oben mit etwa 1000 Lux belichtet; auf ein Wärmeschutzfilter kann in diesem Fall verzichtet werden. Man verfolgt die Reaktion in der gleichen Weise wie unter a) 90 min lang.

Im Gegensatz zu der Reaktion in Luft tritt keine Blatthebung, sondern eine Senkung ein; die Bewegung beginnt nach etwa 30 min und erreicht nach etwa 90 min ihren Höchstwert mit 3—4°. Die wirkliche Größe der Lichtreaktion des Gelenks unter Wasser ist noch etwas größer als der beobachtete Wert und zwar deshalb, weil sich im Dunkeln das Blatt unter Wasser etwas hebt. Wegen der starken individuellen Schwankungen muß der Versuch mehrmals wiederholt werden.

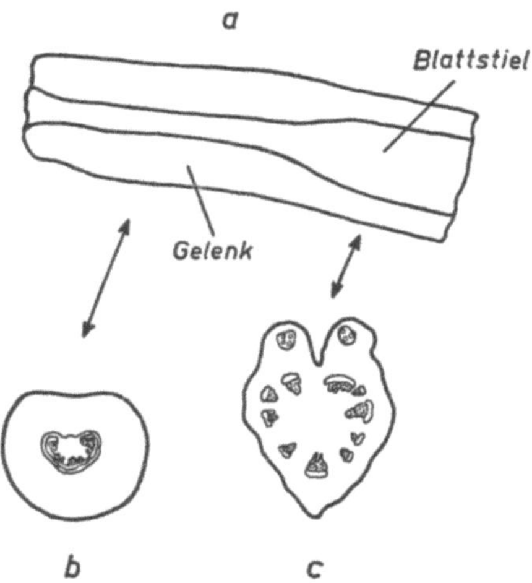

Abb. 22 a—c. Leitbündelverlauf im Blattgelenk von *Phaseolus.* a Schematischer Längsschnitt durch Gelenk und Blattstiel; b Querschnitt durch das Laminargelenk; c Querschnitt durch den Blattstiel

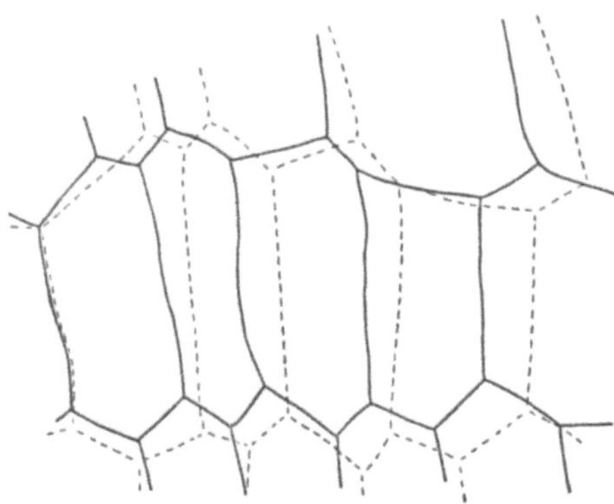

Abb. 23. *Phaseolus multiflorus.* Harmonikastruktur des Bewegungsgewebes der Gelenkunterseite. — — — Vollturgeszent; ——— entspannt. (Nach M. BRAUNER, 1932)

Aus der Tatsache, daß sich in Wasser die Reaktionsrichtung des Blattgelenks umkehrt, ist zu schließen, daß osmotische Konzentrationsveränderungen am Mechanismus der Turgorreaktion nicht beteiligt sein können. Dagegen lassen sich die Befunde mit einer Permeabilitätsänderung zwanglos erklären: Eine Erhöhung der Wasserpermeabilität auf der Lichtflanke führt in Luft zu einer stärkeren Verdunstung und damit zu einer Turgorerniedrigung, da sich das Gelenk im dynamischen Gleichgewicht mit der Atmosphäre befindet. Unter Wasser wirkt sich die gleiche Permeabilitätszunahme gerade umgekehrt aus; das ungesättigte Gewebe wird sein Saugkraftgefälle auf der durchlässigeren Lichtflanke von außen her schneller ausgleichen können als auf der Gegenseite. Die negative Krümmung unter Wasser ist allerdings nur eine Übergangsreaktion, die nach dem Ausgleich der Druckunterschiede aufhört.

c) Anatomie des Blattgelenks

Zum besseren Verständnis der Wirkungsweise des Blattgelenks wird dessen anatomischer Bau untersucht. Dazu fertigt man einerseits Querschnitte durch Gelenk und Blattstiel, andererseits Längsschnitte durch das Gelenk mit seinem Blattstiel an. An den Schnitten (siehe Abb. 22a—c) ist zu erkennen, daß sich die im Blattstiel ringförmig angeordneten Leitbündel im Gelenk zu einem zentralen Strang vereinigen; dadurch wird eine bessere Biegungsfähigkeit des Gelenks erreicht. Betrachtet man auf den Längsschnitten die Rindenschicht des Gelenks bei stärkerer Vergrößerung, so fällt auf, daß die Zellen vor allem auf der Unterseite „ziehharmonika"-artig angeordnet sind (siehe Abb. 23). Eine Turgoränderung führt dadurch ohne erhebliche Beanspruchung der Wanddehnung zu einer Längenänderung des Organs vor allem in der Richtung seiner Längsachse.

Literatur

BRAUNER, L.: Handbuch der Pflanzenphysiologie. Bd. XVII/1, S. 472—491. Berlin-Göttingen-Heidelberg: Springer 1959.
BRAUNER, M.: Planta **18**, 288—337 (1932).

2. Wachstumsbedingter Orthophototropismus

α) Beobachtung und Messung des Phänomens

Versuch 39

Demonstration von positivem und negativem Phototropismus an Sproß und Wurzel der gleichen Pflanze

Pflanzenmaterial: Samen von *Lepidium* oder *Sinapis*.

Zubehör: Glasküvette (Höhe etwa 20 cm, Breite etwa 15 cm, Tiefe etwa 6 cm) mit Deckel und hineinpassender Glasplatte; schwarzes Papier; Klebstoff; dunkelgraues Fließpapier (z. B. Papier zum Pressen von Herbarpflanzen).

Zeitbedarf: 2—3 Tage.

Ausführung und Ergebnis

Die Samen werden in einer Petrischale auf feuchtem Filtrierpapier angekeimt, bis die Wurzeln eine Länge von einigen Millimetern erreicht haben. Eine Glasküvette wird samt ihrem Deckel außen mit schwarzem Papier überzogen, nur eine der beiden schmalen senkrechten Wände bleibt frei. Nun umwickelt man eine in die Küvette passende Glasscheibe mit grauem Fließpapier und feuchtet es gut an. Auf das Papier werden mehrere Keimlinge nebeneinander so aufgelegt, daß ihre Wurzeln parallel orientiert sind und mit ihren Spitzen in die gleiche Richtung zeigen. Da die Samen durch ihre Schleimschicht und durch die sich bald entwickelnden Wurzelhaare auch an der senkrecht gestellten Papierfläche haften bleiben, erübrigt sich eine besondere Befestigung der Keimlinge. Die Glasplatte wird nun in die Küvette, die etwa 1 cm hoch mit Wasser gefüllt ist, so eingesetzt, daß die Wurzeln der Keimlinge nach unten gerichtet sind. Die Küvette wird sodann mit ihrem Deckel verschlossen und im Dunkeln aufgestellt.

Nach etwa einem Tag haben die Wurzeln eine Länge von etwa 20 mm erreicht, die Hypokotyle sind etwa 15 mm lang geworden. Nun wird die Küvette vor einer Lichtquelle (200-W-Glühlampe in etwa 50 cm Abstand) so aufgestellt, daß ihre unbedeckte Wand gegen die Lichtquelle gerichtet ist. Nach etwa 12 Std haben sich die Hypokotyle zum Licht, die Wurzeln vom Licht weg gekrümmt; wegen des allmählich wirksam werdenden negativen bzw. positiven Geotropismus erreichen die Hypokotyle und Wurzeln aber nicht ganz die Lichtrichtung, sondern nur eine bestimmte Schräglage, die der Resultante aus dem gleichzeitig induzierten Photo- und Geotropismus entspricht.

Daß Wurzeln negativ phototropisch reagieren, ist keine allgemeine Regel. Man beobachtet dieses Verhalten nur bei wenigen Pflanzenfamilien, vor allem bei Cruciferen; in den meisten Fällen sind Wurzeln aphototropisch.

V e r s u c h   40

Beobachtung der positiven phototropischen Reaktion

Pflanzenmaterial: Etiolierte *Avena*-Koleoptilen; Keimpflanzen von *Helianthus;* Sporangienträger von *Pilobolus* (Anzucht siehe Anhang S. 132).

Zubehör: Mattierte 200-W-Glühlampe mit Kühlküvetten oder 40-W-Tageslicht-Leuchtstoffröhre (z. B. Osram, Lichtfarbe 15 oder Philips Lichtfarbe 55).

Zeitbedarf: mehrere Stunden.

Ausführung und Ergebnis

Die Pflanzen werden, um vorher perzipierte Lichtreize abklingen zu lassen, bereits am Abend vor dem Versuch in einer Dunkelkammer bei möglichst hoher relativer Luftfeuchtigkeit und einer Temperatur von 20 bis 22° C aufgestellt. Am nächsten Morgen werden sie mit einer Glühlampe oder Leuchtstoffröhre einseitig belichtet; die Lichtintensität sollte dabei etwa 1000 Lux betragen. Da die Keimlinge je nach der Flanke, die belichtet wird, häufig verschieden starke Krümmungsreaktionen zeigen, muß bei der Aufstellung stets darauf geachtet werden, daß das Licht in der optimalen Ebene einwirkt: Bei den *Avena*-Koleoptilen bestrahlt man am besten die Schmalseite, bei den *Helianthus*-Keimlingen die Flanke senkrecht zur Kotyledonarebene. Die auftretende positive phototropische Krümmung wird nach 4 Std zeichnerisch registriert (zur Methodik vgl. Versuch 16). Es sind dann folgende Krümmungswinkel zu erwarten: *Avena*-Koleoptilen etwa 60°; *Helianthus*-Keimlinge etwa 30°; *Pilobolus*-Sporangienträger etwa 90°.

Versuch 41

Registrierung der Krümmung durch Schattenbild oder Photographie

Pflanzenmaterial: Etiolierte *Avena*-Koleoptilen (Anzucht siehe Anhang S. 131) oder *Helianthus*-Keimlinge (Anzucht siehe Anhang S. 130).

Zubehör:

Lichtquelle: Glühlampenlicht enthält einen relativ großen Anteil an Infrarot; zur Vermeidung einseitiger Erwärmung muß daher bei phototropischen Versuchen die Wärmestrahlung durch geeignete Filter absorbiert werden. Zu diesem Zweck taucht man die Lampe in einen passenden, mit Wasser gefüllten Glaszylinder; zur wirksamen Kühlung dient eine wasserdurchströmte flache Kupferrohrspirale, die als „Deckel" in das Glasgefäß eingehängt wird (vgl. Abb. 24). Bei Leuchtstoffröhren, vor allem bei solchen mit hohem Blauanteil (z. B. Osram, Lichtfarbe 15; Philips Lichtfarbe 55 „Tageslicht"), ist die Infrarotemmission beträchtlich geringer; hier genügt als Wärmefilter bereits eine zwischengeschaltete Scheibe aus Fensterglas. Bei Leuchtstoffröhren wirkt sich aber eine andere Tatsache störend aus: Stellt man die Pflanzen, um eine möglichst hohe Lichtintensität zu erzielen, relativ nahe an die Leuchtstoffröhre heran, dann sind sie einem breiten konvergierenden Lichtfeld ausgesetzt, sie werden also nicht nur von einer definierten Seite belichtet. Um das Licht der Leuchtstoffröhre einigermaßen zu parallelisieren, hat sich folgende Anordnung bewährt (siehe Abb. 25): Vor einem Aggregat aus 2 horizontal gestellten parallelen Leuchtstoffröhren (mit Reflektor) werden zum Abfangen des störenden Streulichtes eine Reihe von schwarzen, quadratischen Metallplatten senkrecht zur Leuchtstoffröhre aufgestellt (Seitenlänge etwa 8 cm); der Abstand zwischen ihnen soll etwa 3 cm betragen.

Verschiedenes: Geräte zur zeichnerischen oder photographischen Registrierung der Reaktion wie bei Versuch 16; Stativmaterial; Kippstative (siehe Abb. 9); grünes Sicherheitslicht (siehe Anhang S. 134).

Zeitbedarf: 5—6 Std.

Ausführung

a) Registrierung des Krümmungsverlaufes bei Dauerlicht

In einer Dunkelkammer mit hoher Luftfeuchtigkeit (70—80%) werden 2 *Helianthus-* oder *Avena*-Keimlinge mit ihren Anzuchtgläschen vertikal übereinander an einem Stativ befestigt und dann durch eine der beschrie-

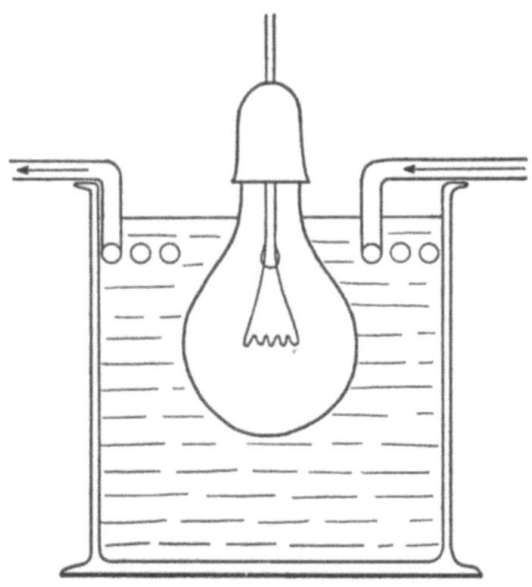

Abb. 24. Anordnung zur Absorption der Wärmestrahlung einer Glühlampe

benen Lichtquellen mit etwa 1000 Lux belichtet; dabei ist wieder auf die günstigste Orientierung der Pflanzen zum Licht (siehe Versuch 40) zu achten. Die Herstellung der Schattenrißzeichnungen und der Photogramme erfolgt in der beim Versuch 16 geschilderten Weise; während der Aufnahme wird das Reizlicht kurzfristig ausgeschaltet. Man verfolgt die Reaktion 5 Std lang, zur Registrierung genügt ein Zeitabstand der Aufnahmen von 1 Std. Die Auswertung der Bilder erfolgt ebenfalls in der beim Versuch 16 beschriebenen Weise.

b) Registrierung der Reaktion nach kurzer Belichtung

5—6 *Helianthus*-Keimlinge oder *Avena*-Koleoptilen werden mit ihren Anzuchtgläschen an einem Kippstativ (siehe Abb. 9) vertikal befestigt. Alle Arbeiten werden in der Dunkelkammer bei schwachem Grünlicht ausgeführt. Man stellt die Pflanzen in der gleichen Orientierung wie im Versuch 40 vor einem Leuchtstoffröhrenaggregat auf und bestrahlt die *Helian-*

thus-Keimlinge 30 min lang mit etwa 5000 Lux; bei *Avena*-Koleoptilen genügt eine Belichtungsdauer von 15 min mit etwa 200 Lux. Die dem Licht zugewandte Flanke wird am Anzuchtglas durch einen schwarzen Strich

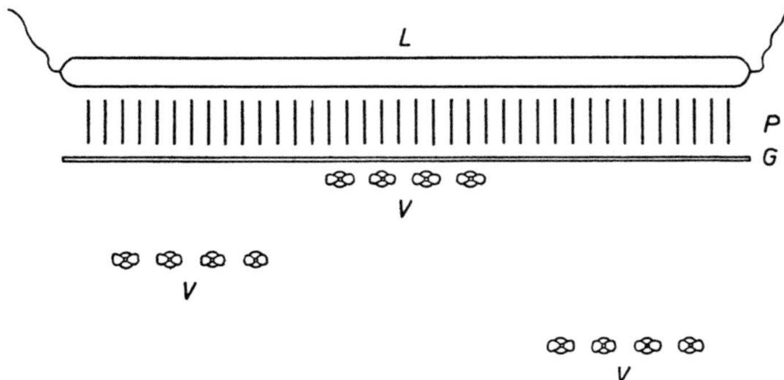

Abb. 25. Anordnung zur Parallelisierung von Leuchtstoffröhrenlicht; *L* Leuchtstoffröhre, *P* Platten, *G* Glasplatte, *V* Versuchspflanzen

markiert. Nach Beendigung der Belichtung dreht man die einzelnen Pflanzen in ihren Haltern in gleicher Richtung um genau 90°; dadurch wird erreicht, daß die einsetzende Krümmungsreaktion in der Ebene des Projektionsschirmes verläuft. So läßt sich die Bewegung der Versuchspflanzen gemeinsam registrieren. Sofort nach dem Ausschalten des Reizlichts und nach weiteren 30 min, 60 min, 2 Std, 3 Std und 4 Std werden Zeichnungen oder Photogramme nach der in Versuch 16 beschriebenen Weise hergestellt und ausgewertet.

Ergebnis

a) Krümmung nach Dauerbelichtung

Die positive Krümmung wird bereits nach etwa 30 min deutlich sichtbar und verstärkt sich bei fortdauernder Belichtung beträchtlich. Nach 5 Std betragen die Krümmungswinkel bei *Helianthus*-Keimlingen etwa 30°, bei *Avena*-Koleoptilen etwa 60°.

b) Phototropische Nachwirkung nach kurzer Belichtung

Die Krümmungsreaktion hat beim Ausschalten des Lichtes eben begonnen; sie verstärkt sich während der 1. Stunde nach Beginn der Belichtung zunächst noch. Dann kommt sie vorübergehend zum Stillstand (*Avena*) oder geht sogar zurück (*Helianthus*). Schließlich setzt die positive Bewegung noch einmal ein und führt nach 3 Std bei *Helianthus* zu einem Krümmungswinkel von etwa 15°, bei *Avena* von etwa 30°. Zur Gewinnung von verläßlichen Mittelwerten muß der Versuch 2- bis 3mal wiederholt werden.

Die Tatsache, daß die phototropische Krümmungsbewegung im geschilderten Versuch wellenförmig verläuft, läßt darauf schließen, daß an der Gesamtreaktion mehrere Teilreaktionen beteiligt sind, die miteinander interferieren (bei *Avena* vor allem der Spitzen- und Basisphototropismus, siehe Versuch 46); auch eine durch die Krümmung induzierte geotropische Gegenreaktion muß den Krümmungsverlauf mit beeinflussen.

Literatur

DIEMER, R.: Planta **57**, 111—137 (1961).

Versuch 42

Messung der Reaktionszeit und der Anfangsphasen der Reaktion mit dem Horizontalmikroskop

Pflanzenmaterial: *Avena*-Koleoptilen (Anzucht siehe Anhang S. 131).

Zubehör: Horizontalmikroskop mit Meßokular; Stativmaterial; Lichtquelle (siehe Versuch 41); grünes Sicherheitslicht (siehe Anhang S. 134).

Zeitbedarf: etwa 1 Std.

Ausführung

Ein *Avena*-Keimling wird in der Dunkelkammer bei Grünlicht mit seinem Anzuchtgläschen senkrecht an einem Stativ befestigt und vor einem Horizontalmikroskop so aufgestellt, daß eine Breitseite der Koleoptile dem Objektiv zugewandt ist und ein leicht erkennbarer Punkt der Koleoptilspitze in der Mitte der horizontal stehenden Mikrometereinteilung liegt. Die Pflanze wird nun im rechten Winkel zur optischen Achse des Mikroskops einseitig mit einer Intensität von etwa 200 Lux belichtet. Die Bewegung der Koleoptilspitze wird an der Skala durch Ablesungen im Abstand von 5 min etwa 45 min lang verfolgt. Die in Mikrometereinheiten abgelesenen Wegstrecken rechnet man in μ um und trägt sie in einem Diagramm graphisch gegen die Beobachtungszeit auf. Da die Krümmungswinkel zu Beginn der Reaktion noch sehr gering sind, kann ihr nach dieser Methode unmittelbar ermittelter Tangens-Wert (= Spitzenabweichung) noch unbedenklich der entsprechenden Bogenlänge proportional gesetzt werden.

Ergebnis

Die Koleoptilspitze pendelt zunächst mehr oder weniger stark nach beiden Seiten; nach etwa 20—30 min beginnt sie sich zuerst langsam, dann aber mit zunehmender Geschwindigkeit zur Lichtquelle hin zu bewegen. Etwa 20 min nach Beginn der Reaktion beträgt die Bewegungsgeschwindigkeit 40—70 μ/min.

Literatur

BRAUNER, L.: Z. Bot. **14**, 497—547 (1922).

β) *Beziehung zwischen Reiz und Reaktion*

Versuch 43

Aufnahme einer Dosis-Wirkungskurve bei der *Avena*-Koleoptile

Pflanzenmaterial: *Avena*-Koleoptilen (Anzucht siehe S. 131).

Zubehör: Lichtquelle (siehe Versuch 41); empfindliches Lux-Meter; Kippstative (siehe Abb. 9); Einrichtung zur zeichnerischen oder photographischen Registrierung (siehe Versuch 16 und 41); grünes Sicherheitslicht (siehe Anhang S. 134).

Zeitbedarf: etwa 5 Std.

Prinzip der Methode

Eine Dosiswirkungskurve stellt die Beziehung zwischen Reizmenge und Reaktionsgröße dar. Zur Aufnahme einer phototropischen Dosis-Wirkungskurve bestrahlt man die Pflanzen mit verschieden großen Lichtmengen (= Dosen) und ermittelt anschließend die Größe des Reaktionsmaximums, in unserem Fall die Endkrümmungswinkel (= Wirkung). Die Lichtmenge ist das Produkt aus der eingestrahlten Lichtintensität „I" und der Belichtungszeit „t" : $I \times t$; die gleiche Lichtmenge kann demnach entweder durch hohe Intensitäten bei kurzer Belichtungszeit oder durch niedrige Intensitäten bei entsprechend längerer Belichtungszeit erreicht werden. Nun wird die Stärke der phototropischen Reaktion aber nicht nur von der eingestrahlten Lichtmenge (= Dosis) bestimmt, sondern z. T. auch davon, in welcher Zeit diese Lichtmenge gegeben wird; die sogenannte Produktenregel (Reizmengengesetz), die für den Reizeffekt nur die Größe des Gesamtproduktes $I \times t$ verantwortlich macht, gilt nur für einen Grenzfall, nämlich für die Schwellenreizung. Um den Einfluß einer Veränderung der Belichtungszeit auf die Reaktion auszuschalten, müssen deshalb die benötigten verschieden großen Lichtmengen allein durch Variieren der Intensität bei konstanter Reizdauer eingestellt werden. Nur bei der größten, für diesen Versuch notwendigen Lichtmenge, kann dieser Grundsatz nicht mehr eingehalten werden, weil dazu eine andere leistungsfähigere Lampe verwendet werden müßte; der auftretende Fehler ist jedoch geringer als derjenige, der durch die Benutzung zweier spektral verschiedener Lichtquellen verursacht würde.

Ausführung

In einer größeren Dunkelkammer wird die Lichtquelle (möglichst Tageslicht-Leuchtstoffröhren) an einem Ende des Raumes aufgestellt. Mit Hilfe eines Lux-Meters werden die Lampenabstände ausgemessen, in denen folgende Lichtintensitäten herrschen: 5, 50, 500, 5000 und 10 000 Lux. Bei schwachem grünem Sicherheitslicht beschickt man 5 Stative mit je 5—6 *Avena*-Koleoptilen; dabei ist wieder auf die richtige Orientierung der Pflanzen zu achten (siehe Versuch 40). Die Stative werden an den bezeich-

neten Punkten so aufgestellt, daß sich die Koleoptilsätze bei der folgenden
Belichtung nicht gegenseitig beschatten. Man bestrahlt nun die Pflanzen mit
den Intensitäten 5 bis 5000 Lux 200 sec, mit 10 000 Lux 1000 sec lang.
Um die Koleoptilen, deren Belichtung nach 200 sec beendet ist, vor weiterer
Belichtung zu schützen, werden sie bis zum Abschluß der Bestrahlung der
1000-sec-Gruppe mit Dunkelstürzen bedeckt. Der Verlauf der Krümmungsreaktion wird bei Grünlicht 5 Std lang verfolgt, indem man nach der in
Versuch 16 und 41 beschriebenen Weise in Abständen von 1 Std Zeichnungen oder Photogramme anfertigt und auswertet. Der jeweils höchste
erreichte Krümmungswinkel jeder Reihe wird in einem Diagramm gegen
den Logarithmus der betreffenden Lichtmenge aufgetragen. Um verläßliche
Mittelwerte zu erhalten, muß der Versuch 2- bis 3mal wiederholt werden.

Ergebnis

Das zu erwartende Resultat zeigt die in Abb. 26 dargestellte Dosis-
Wirkungskurve, die aus den Mittelwerten zahlreicher Einzelversuche ge-
wonnen worden ist. Die angegebenen Krümmungswinkel sollen nur die
Größenordnung des Effekts angeben, die Absolutwerte können je nach der

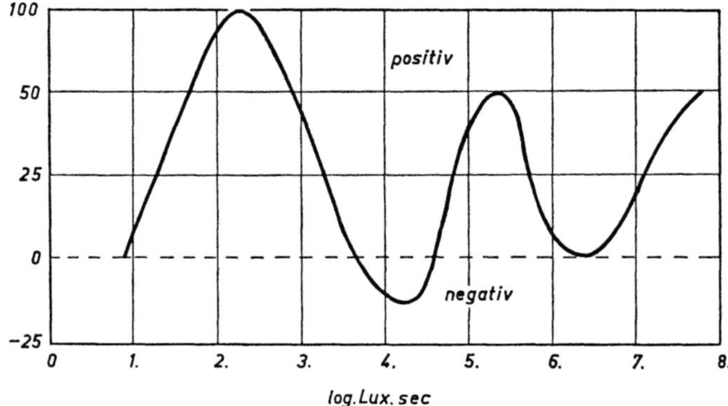

Abb. 26. Dosis-Wirkungskurve der phototropischen Reaktion bei *Avena*-Koleoptilen. Ordinate:
Krümmungswinkel; Abszisse: Logarithmus der eingestrahlten Energie. (GALSTON, 1959, S. 494, nach
DuBuy und NUERNBERGK, 1934)

verwendeten Hafersorte etwas verschieden sein. Die Wirkungskurve steigt
mit steigender Lichtmenge nicht stetig an, sondern läßt deutlich 3 Maxima
und 2 Minima erkennen. Da im Bereich der Minima bei manchen *Avena*-
Rassen auch negative Krümmungen auftreten, werden die einzelnen Abschnitte der Kurve meist als 1. positive, 1. negative, 2. positive, 2. negative
und 3. positive Krümmung bezeichnet. Die eigenartige Form der Dosis-Wirkungskurve beruht darauf, daß in der Pflanze mehrere Reizaufnahme- und
Reaktionssysteme nebeneinander wirksam sind, die offenbar miteinander
interferieren. Dies ist z. T. bereits aus der Form der Krümmung zu ent-

nehmen: Im Bereich der 1. positiven Phase beginnt die Krümmung an der Spitze und beschränkt sich auch im weiteren Verlauf nur auf die obersten mm; an der 2. positiven Phase ist dagegen hauptsächlich die sogenannte „Basiskrümmung" beteiligt, d. h. die Reaktion erfolgt hier vorwiegend im basalen Teil der Koleoptile unterhalb der Spitze. Daß diese beiden Reaktionen und die dafür verantwortlichen Reizaufnahmesysteme unabhängig voneinander wirken können, wird im Versuch 46 näher untersucht werden.

Eine ähnliche Dosis-Wirkungskurve konnte in neuerer Zeit auch für etiolierte dikotyle Pflanzen gefunden werden; über die Lokalisierung der Reizaufnahme und den Mechanismus der Reaktion ist bei ihnen aber erst wenig bekannt.

Literatur

BRIGGS, W. R.: Photophysiology, Vol. 1, 223—271. New York: Academic Press 1964.
DuBuy, H. G., und E. NUERNBERGK: Ergebn. Biologie *X*, 207—322 (1934).
GALSTON, A. W.: Handbuch der Pflanzenphysiologie. Bd. XVII/1, S. 492—529. Berlin-Göttingen-Heidelberg: Springer 1959.
STEYER, B., und E. LIBBERT: Planta **61**, 374—376 (1964).

Versuch 44

Nachweis der Gültigkeit des Resultantengesetzes

Pflanzenmaterial: *Avena*-Koleoptilen; Sporangienträger von *Pilobolus* (Anzucht siehe Anhang S. 131 bzw. S. 132).

Zubehör: Zwei 60-W- bzw. 100-W-Glühlampen mit Halterung; dünne Glasplatten; Stativmaterial; Tusche; Lux-Meter; Lupe; würfelförmiger Blechkasten (Seitenlänge etwa 20 cm, Höhe 15 cm) mit abnehmbarem Deckel und je einem runden Fenster (Durchmesser etwa 2 cm) in 2 aneinandergrenzenden Seitenwänden (siehe Abb. 29); grünes Sicherheitslicht (siehe Anhang S. 134).

Zeitbedarf: mehrere Stunden.

Ausführung und Ergebnis

a) Avena-Koleoptilen

In einer Dunkelkammer werden bei grünem Sicherheitslicht 5—6 möglichst gleich lange *Avena*-Keimlinge mit 2 cm Abstand in einer Reihe so aufgestellt, daß sich ihre Koleoptilen genau ihre Breitseiten zukehren. Einige mm über den Koleoptilspitzen befestigt man eine dünne Glasscheibe in horizontaler Lage und markiert auf ihr unter einer Lupe mit einer Tuschefeder die Lage der einzelnen Spitzen. Die Koleoptilreihe wird nun durch 2 gleiche Glühlampen rechts und links symmetrisch mit der gleichen Lichtintensität (100 Lux) schräg von vorn belichtet; die Einfallsrichtungen des Lichts sollen dabei, bezogen auf die mittlere Pflanze, beiderseits 45° betragen und damit ge-

geneinander einen 90°-Winkel einschließen (siehe Abb. 27). Nach 3—4 Std
markiert man erneut die Lage der Koleoptilspitzen auf der Glasplatte;

die Verbindungslinien zwischen den
beiden Markierungspunkten zeigen die
Krümmungsrichtungen der einzelnen
Koleoptilen an.

Bei der verwendeten Versuchsanordnung (Belichtung mit 2 gleichen
Lichtquellen in einem Winkel von
90°) krümmen sich die Koleoptilen in
einer Richtung, die im Durchschnitt
genau der Winkelhalbierenden entspricht. Die Reaktionsrichtung ist also
die Resultante aus den beiden Reiz-
richtungen.

Die Gültigkeit des „Resultantengesetzes" läßt sich aber auch für den
Fall zeigen, daß die Reizgrößen in
beiden Richtungen nicht gleich sind.
Dazu werden die *Avena*-Koleoptilen
aus denselben Richtungen belichtet, die
Lichtintensitäten auf der einen Seite
wird jedoch durch Vergrößerung des
Abstandes der einen Lampe auf die
Hälfte reduziert (photometrische Messung am Ort der Pflanzen!). Die Richtung, in der sich die Koleoptilen jetzt
krümmen, steht unter diesen Bedingungen mit der Einfallsrichtung des
stärkeren Lichtes in einem Winkel von
etwa 30°. Dieser Winkel entspricht
wiederum der Resultierenden aus den
beiden Reizgrößen, wenn man in
einem Kräfteparallelogramm die beiden verschieden großen Lichtintensitäten durch die Länge der Seiten darstellt (siehe Abb. 28).

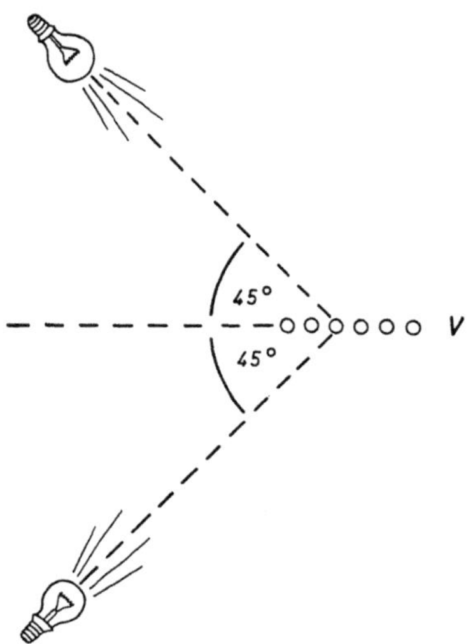

Abb. 27. Versuchsanordnung für Versuch 44 a;
V Versuchspflanzen

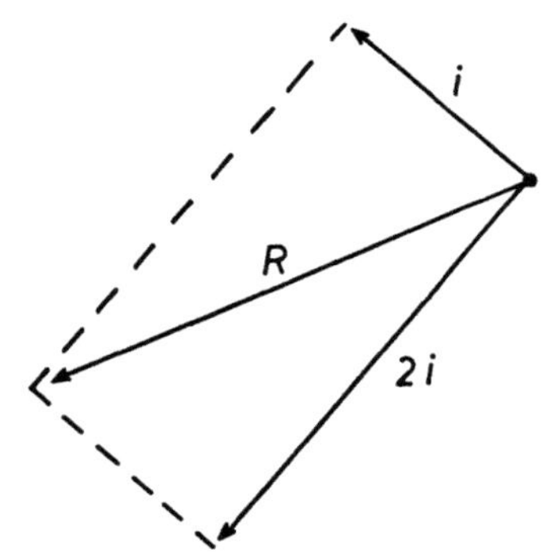

Abb. 28. Kräfteparallelogramm zur Erklärung
der Gültigkeit des „Resultantengesetzes"; *i* und
2 *i* Lichtintensitäten; *R* Resultante

Daß diese Regel jedoch nicht für alle phototropisch reagierenden Organe
gilt, zeigt der folgende Versuch.

b) *Sporangienträger von Pilobolus*

Eine *Pilobolus*-Kultur mit reifen Sporangienträgern wird in der Dunkelkammer mitten auf den befeuchteten Boden eines würfelförmigen, innen

geschwärzten Blechkastens mit abnehmbarem Deckel eingesetzt. In 2 aneinandergrenzenden Seitenwänden des Kastens befindet sich je ein rundes Loch (Durchmesser etwa 2 cm), vor dem mit Hilfe einer geeigneten Halterung eine kleine Glasscheibe befestigt wird. In etwa 1 m Entfernung von den Fenstern wird nun je eine 100-W-Glühlampe so aufgestellt, daß ihr Licht die Pilzkultur unter einem Winkel von etwa 10° trifft (siehe Abb. 29); die Einfallsrichtungen der beiden Lichtbündel müssen dabei einen Winkel von etwa 90° bilden. Die Lichtintensitäten aus beiden Richtungen sollen möglichst gleich sein (Prüfung bei abgenommenem Deckel). Nach etwa 3 Std untersucht man nach dem Abheben des Deckels vom Kasten, in welchen Richtungen sich die Sporangienträger gekrümmt haben.

Unreife Sporangienträger, d. h. solche, die unter dem Sporangium noch keine Blase gebildet haben, folgen meistens noch dem Resultantengesetz, nicht dagegen die reifen Sporangienträger. Diese haben sich entweder nach der einen oder der anderen Lichtquelle hin gekrümmt. Für welche der beiden Richtungen sie sich „entscheiden", hängt sehr wahrscheinlich von ihrer zufälligen Orientierung beim Beginn der Belichtung ab.

Die Tatsache, daß sich die reifen Sporangienträger nicht in der Richtung der Resultante sondern gegen eine der beiden Lichtquellen gekrümmt haben, läßt sich auch

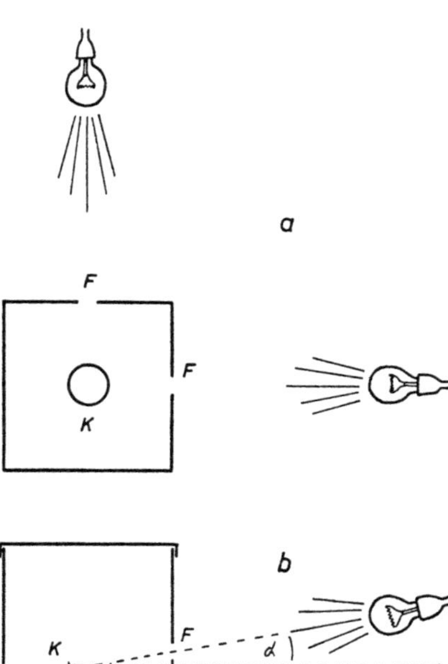

Abb. 29. Schema der Anordnung des Versuchs 44 b. a Aufsicht; b Seitenansicht. *F* Fenster; *K* Kulturschale; *a* Einfallswinkel des Lichts (etwa 10°)

noch an einer anderen Erscheinung erkennen. *Pilobolus* schießt seine Sporangien mit Hilfe eines Turgormechanismus über 1 m weit ab. Durch die phototropische Orientierung der Sporangienträger erfolgt der Abschuß immer auf eine der beiden Lichtquellen hin; die abgeschossenen Sporangien sind deshalb nach genügend langer Versuchszeit auf den Glasfenstern wie auf einer Zielscheibe als Gruppen kleiner schwarzer Pünktchen zu erkennen.

Literatur

BANBURY, G. H.: Handbuch der Pflanzenphysiologie. Bd. XVII/1, S. 530—578. Berlin-Göttingen-Heidelberg: Springer 1958.
PRINGSHEIM, E. G.: Z. Botanik **18**, 209—254 (1926).
— u. V. CZURDA: Jb. wiss. Botanik **66**, 863—901 (1927).

γ) *Versuche zur Aufklärung des Wirkungsmechanismus*

Versuch 45

Messung der Lichtwachstumsreaktion bei der *Avena*-Koleoptile

Pflanzenmaterial: *Avena*-Koleoptilen (Anzucht siehe Anhang S. 131).

Zubehör: Horizontalmikroskop mit Meßokular; Stativmaterial; zwei 60-W-Glühlampen mit Fassungen; grünes Sicherheitslicht (siehe Anhang S. 134).

Zeitbedarf: etwa 2 Std.

Ausführung

Ein *Avena*-Keimling wird in der Dunkelkammer bei grünem Sicherheitslicht mit seinem Anzuchtgläschen senkrecht an einem Stativ befestigt und vor einem Horizontalmikroskop so aufgestellt, daß eine Breitseite der Koleoptile dem Objekt zugekehrt ist und die Koleoptilspitze am Anfang der senkrecht stehenden Mikrometereinteilung liegt. Rechts und links von der Pflanze werden im Abstand von etwa 50 cm zwei gleiche 60-W-Glühbirnen so aufgestellt, daß die Koleoptile beim Einschalten der Lampen von 2 genau entgegengesetzten Flanken mit derselben Lichtintensität, etwa 250 Lux beleuchtet wird. Zunächst verfolgt man das Längenwachstum der Koleoptilen bei Grünlicht etwa 20 min lang durch Ablesungen im Abstand von 5 min; dann schaltet man für 200 sec die Glühlampen ein und registriert anschließend wiederum bei Grünlicht noch etwa $1^{1}/_{2}$—2 Std lang weiter. Die von der Koleoptilspitze zurückgelegten, in Mikrometereinheiten abgelesenen Wegstrecken rechnet man in μ pro Minute um und trägt das Ergebnis in einem Diagramm graphisch gegen die Beobachtungszeit auf.

Ergebnis

Die Wachstumsgeschwindigkeit der *Avena*-Koleoptile liegt im Dunkeln, bzw. bei Grünlicht, zwischen 15 und 30 μ/min; 15 min nach dem Einsetzen der Belichtung beginnt sie zunächst langsam, dann schneller abzunehmen und erreicht nach weiteren 20—25 min ein Minimum von etwa 75% des Ausgangswertes. Nun steigt die Zuwachsrate wieder an, durchläuft ein Maximum, das etwa 25% über dem Dunkelwert liegt, und sinkt schließlich wieder etwa auf den Ausgangswert ab. Allseitige Belichtung bewirkt also zunächst eine Hemmung des Längenwachstums; diese wird aber durch eine anschließende Beschleunigung wieder ausgeglichen. — Auf der Erwägung, daß bei *ein*seitiger Belichtung eine solche Lichtwachstumsreaktion sich auf der Lichtflanke stärker entwickeln müßte als auf der Schattenflanke, hat Blaauw seine bekannte Theorie des Phototropismus aufgebaut. Er nahm an, daß die beiden Flanken unabhängig voneinander reagieren. Die entstehende phototropische Krümmung sollte sich daher aus der Differenz der beiden Lichtwachstumsreaktionen berechnen lassen, die das Organ bei symmetrischer Beleuchtung mit den betreffenden beiden Lichtintensitäten ausführt.

Literatur

BLAAUW, A. H.: Meded. Landbouwhoogeschool **15**, 91—204 (1918).
BRAUNER, L.: Z. Botanik **14**, 497—547 (1922).
GALSTON, A. W.: Handbuch der Pflanzenphysiologie. Bd. XVII/1, S. 492—629. Berlin-Göttingen-Heidelberg: Springer 1959.

Versuch 46

Bestimmung des Ortes der Lichtperception und der Krümmungsreaktion bei der *Avena*-Koleoptile
(Trennung von Spitzen- und Basisreaktion)

Pflanzenmaterial: *Avena*-Koleoptilen (Anzucht siehe Anhang S. 131).

Zubehör: Lichtquelle (siehe Versuch 41); schwarzes Papier; Stanniolpapier; Einrichtung zur zeichnerischen oder photographischen Registrierung (siehe Versuch 16 und 41); Kippstative (siehe Abb. 9); grünes Sicherheitslicht (siehe Anhang S. 134).

Zeitbedarf: etwa 5 Std.

Ausführung und Ergebnis

a) Bei schwachem grünem Sicherheitslicht werden 2 Kippstative (vgl. Abb. 9) mit je 5—6 *Avena*-Keimlingen beschickt. Über die Koleoptilen im ersten Stativ stülpt man zur Beschattung ihrer Basis eine aus einem 10 mm breiten schwarzen Papierstreifen gefertigte Schürze (vgl. Versuch 47); aus der Befestigungsöffnung sollen 2 mm der Koleoptilspitze hervorragen. Bei den Keimlingen im anderen Stativ wird die Spitze dadurch verdunkelt, daß man ihnen 3—4 mm lange Stanniolkäppchen aufsetzt. Dieses wird so hergestellt, daß man einen 6 mm breiten Stanniolstreifen um einen Draht von etwas größerer Dicke als die der Koleoptile rollt und die oberen 3 mm des entstandenen Röhrchens umfaltet.

Die Koleoptilen werden nun 10 sec lang einseitig mit etwa 100 Lux beleuchtet, wobei auf die richtige Orientierung zum Licht (siehe Versuch 40) zu achten ist. Nach der Belichtung verfolgt man die Reaktion zeichnerisch oder photographisch (siehe Versuch 41) 4 Std lang.

Während die Koleoptilen, deren Basis belichtet wurde, in der ganzen Beobachtungszeit nur geringe Nutationsbewegungen ausführen, krümmen sich die spitzenbelichteten Koleoptilen deutlich positiv phototropisch (maximale Krümmungswinkel 30—40°); die Krümmungsreaktion beginnt dabei an der Spitze und pflanzt sich dann langsam etwa 1 cm weit basalwärts fort.

Aus diesem Ergebnis könnte man den Schluß ziehen, daß nur die Koleoptilspitze zur Aufnahme des Lichtreizes befähigt ist. Daß dies nicht der Fall ist, zeigt folgender Versuch:

b) Zwei Gruppen von *Avena*-Keimlingen werden in der gleichen Weise, wie im Abschnitt a) beschrieben wurde, zum Versuch hergerichtet, erhalten aber nun eine größere Lichtmenge: 100 sec lang etwa 1000 Lux. Nach Entfernung der Verdunkelungshülsen und -käppchen verfolgt man die Reaktion wiederum 4 Std lang.

Bei spitzenbelichteten Koleoptilen finden wir das gleiche Ergebnis wie beim vorigen Versuch; die maximalen Krümmungswinkel sind allerdings meist kleiner. Anders als nach der Belichtung mit geringen Lichtmengen reagieren jetzt aber auch die Koleoptilen positiv phototropisch, bei denen nur die Basis belichtet wurde. Diese Krümmung beginnt gleichzeitig über die ganze Länge des belichteten Teils und führt schließlich dazu, daß die ganze Koleoptile bogenförmig gekrümmt ist.

Wie auch aus dem Ergebnis des Versuchs 43 zu entnehmen ist, kann man hinsichtlich des Ortes der Reizaufnahme und der Krümmungsreaktion 2 Typen unterscheiden: eine sog. Spitzen- und eine Basisreaktion. Die Spitzenreaktion wird schon durch sehr kleine Lichtmengen ausgelöst, während für die Basisreaktion um 2 Größenordnungen höhere Lichtmengen notwendig sind. Für die 1. positive Krümmung der *Avena*-Koleoptile ist die Spitzenreaktion allein verantwortlich, während bei der 2. positiven Krümmung Spitzen- und Basisreaktion interferieren. Welche Reizaufnahme- und Reaktionsmechanismen den beiden Reaktionstypen zugrunde liegen ist noch nicht endgültig entschieden. Verschiedene Kriterien lassen aber darauf schließen, daß sie nicht identisch sind. Auch die Frage, inwieweit die Verhältnisse bei den Gramineen-Koleoptilen auch für die Stengel dikotyler Pflanzen gelten, bedarf noch einer befriedigenden Aufklärung.

Literatur

Darwin, Ch.: Das Bewegungsvermögen der Pflanzen; Deutsche Übersetzung, 2. Aufl. Stuttgart: E. Schweizerbarthsche Verlagshandlung 1919.
Rothert, W.: Beitr. Biol. Pflanz. 7, 1—212 (1896).

Versuch 47

Demonstration des Unterschiedes der phototropischen Empfindlichkeit von Spitze und Basis bei den *Avena*-Koleoptilen (nach Rothert)

Pflanzenmaterial: *Avena*-Koleoptilen (Anzucht siehe Anhang S. 131).

Zubehör: Zwei 60-W-Glühlampen mit Stativen; schwarzes Papier; Einrichtung zur zeichnerischen oder photographischen Registrierung (siehe Versuch 16 und 41).

Zeitbedarf: 5 Std.

Ausführung

Aus schwarzem Papier wird ein Streifen von etwa 10 mm Breite und 40 mm Länge ausgeschnitten. Der Streifen wird etwa 15 mm von einem Ende mit einem Loch vom Durchmesser der Koleoptile versehen und zweimal so gefaltet, wie aus Abb. 30 zu ersehen ist. Diese „Schürze" wird mit ihrem Loch vorsichtig auf die Koleoptile aufgesetzt, so daß deren Spitze etwa 3 mm herausragt. Der längere Streifen der Schürze beschattet demnach die eine Flanke der Basis, der kürzere die gegenüberliegende Flanke der Spitze des Keimlings. Die so vorbereiteten Versuchspflanzen stellt man in der Mitte zwischen zwei 60-W-Glühlampen so auf, daß gleichzeitig die Spitze von der einen, die Basis von der anderen Seite mit derselben Inten-

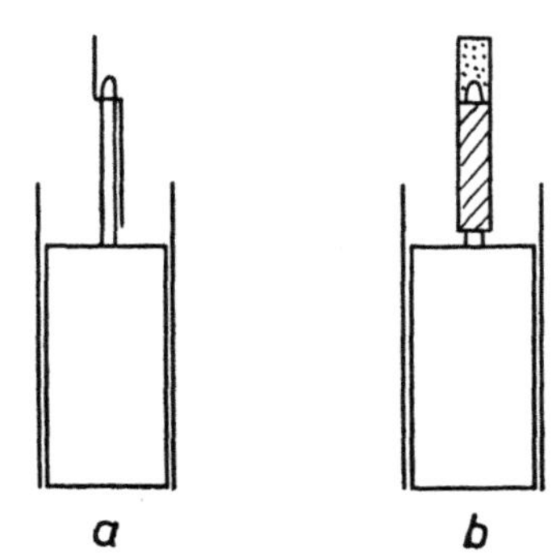

Abb. 30 a u. b. Schema einer *Avena*-Koleoptile mit Verdunkelungs-„Schürze". a Seitenansicht; b Vorderansicht

sität, etwa 100 Lux, bestrahlt wird. Um die Koleoptilen nicht in ihrer Bewegungsfreiheit zu behindern, darf das untere Ende des Papierstreifens die Erde des Anzuchtgläschens nicht berühren. Zur Dunkelhaltung der von der Schürze nicht mehr beschatteten tiefsten Zone der Koleoptile umhüllt man deshalb das Gläschen mit einer schwarzen Papiermanschette, deren oberer Rand den des Gläschens um einige Millimeter überragt. Man prüft die Wirkung verschieden langer antagonistischer Bestrahlung: 10 sec, 5 min, 30 min und verfolgt den Verlauf der induzierten Reaktion etwa 3 Std lang (siehe Versuch 41).

Ergebnis

Nach der kürzesten Expositionszeit entwickelt sich von der Spitzenzone beginnend nach der Basis fortschreitend eine Krümmung in der Richtung, aus der die Spitze belichtet worden war. Die Bestrahlung der viel längeren Basiszone wirkt sich nicht sichtbar aus. Dieses Verhalten zeigt, daß die Spitzenregion phototropisch sehr viel empfindlicher ist als die basaleren Teile der Koleoptile und ferner, daß der von der Spitze perzipierte Reiz nach der Basis weitergeleitet wird.

Bei längerer Expositionszeit reagiert auch der untere Teil der Koleoptile im Sinn seiner eigenen Belichtung. Infolgedessen krümmt sich das ganze Organ zunächst S-förmig, beide belichteten Zonen scheinen sich unabhängig voneinander zu verhalten. Sobald jedoch der von der Spitze perzipierte Reiz die tiefer gelegene Zone erreicht hat, beginnt auch hier allmählich der Einfluß der Spitze zu dominieren: Trotz der Fortdauer ihrer Bestrahlung krümmt sich die Basis zunächst wieder gerade und später sogar in die Richtung der Spitzenbelichtung (vgl. Abb. 31).

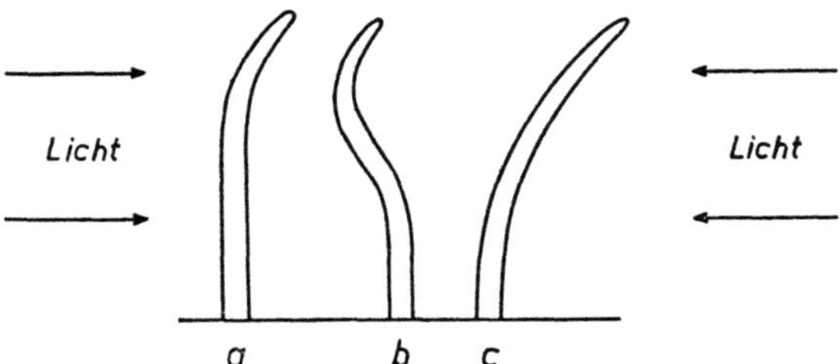

Abb. 31. Verschiedene Stadien der Krümmungsreaktion bei Versuch 47 (ohne Verdunkelungsschürze gezeichnet). a Spitzenreaktion; b Spitzen- und Basisreaktion nach verschiedenen Seiten; c Basisreaktion in Richtung der Spitzenbelichtung

Literatur

ROTHERT, W.: Beitr. Biol. Pflanz. 7, 1—212 (1896).

Versuch 48

Bestimmung der wirksamen Wellenlängen des Lichts beim Phototropismus der *Avena*-Koleoptile

Pflanzenmaterial: *Avena*-Koleoptilen (Anzucht siehe Anhang S. 131).

Zeitbedarf: Vorbereitung: mehrere Tage; Ausführung: etwa 5 Std.

Prinzip der Methode

Wesentlich für das Verständnis der primären Lichtreaktion beim Phototropismus ist die Ermittlung des wirksamen Lichtacceptors. Dazu ist zunächst die Bestimmung des Wirkungsspektrums der phototropischen Reaktion des zu untersuchenden Organs notwendig. Das Wirkungsspektrum eines Lichteffekts zeigt, in welchem Maß die ausgelöste Reaktion von der Wellenlänge des eingestrahlten Lichts bei gleicher Energiemenge abhängt oder exakter, welche Lichtmengen bei den einzelnen Spektralbereichen notwendig sind, um eine bestimmte Standardreaktionsgröße hervorzurufen. Aus dem Vergleich eines solchen Wirkungsspektrums mit den Absorptionsspektren der im reagierenden Organ vorkommenden Farbstoffe lassen sich unter gewissen Voraussetzungen Rückschlüsse auf die Natur des fraglichen Lichtacceptors ziehen. Für die Aufnahme eines genauen Wirkungsspektrums ist monochromatisches Licht von möglichst hoher Reinheit erforderlich; solches Licht läßt sich durch Prismen- oder Gitterspektrographen oder durch Interferenzfilter herstellen. Da diese Methode aber mit einem relativ großen apparativen Aufwand verbunden ist, sollen in diesem orientierenden Versuch nur einige relativ breite Spektralbereiche auf ihre Wirksamkeit untersucht werden.

Ausführung

1. Herstellung von verschiedenfarbigem Licht

Als Lichtquellen haben sich Niedervoltlampen, deren Licht gebündelt ist, bewährt (z. B. „Monla"-Lampen von Leitz, Mikroskopierleuchten von Stereomikroskopen). 3 solcher Lampen werden nebeneinander in einer Dunkelkammer aufgebaut. Vor jede Lampe wird ein würfelförmiger, lichtdichter, innen geschwärzter Blechkasten (Kantenlänge etwa 15 cm) mit abnehmbarem Deckel gestellt. In der dem Licht zugewandten Fläche des Kastens befindet sich ein Fenster (10 × 10 cm), das mit einer Halterung zum Einsetzen von Farbfiltern versehen ist.

In unserem Versuch soll die Wirkung von blauem, grünem und rotem Licht verglichen werden. Zu dessen Erzeugung lassen sich folgende einfache Filter und Filterkombinationen verwenden:

Blau:	Plexiglas (Fa. Röhm u. Haas) Nr. 627
(etwa 400—500 nm)	Cellonfolie (Dynamit Nobel A. G. „S", E 10/875)
Grün:	Plexiglas (Fa. Röhm u. Haas) Nr. 478 + Nr. 701
(etwa 520—600 nm)	Cellonfolie (Dynamit Nobel A. G.) „S", C 12/846
Rot:	Plexiglas (Fa. Röhm u. Haas) Nr. 501,
(über 600 nm)	Farbglas (Schott u. Gen.) RG 2

Zur Absorption der Wärmestrahlung muß zwischen Lichtquelle und Farbfilter ein möglichst farbloses Wärmefilter eingeschaltet werden (z. B. KG 1 von Fa. Schott u. Gen.).

2. Einstellung der Lichtintensität

Die Intensität von monochromatischem Licht kann nicht mit einem üblichen Lux-Meter ermittelt werden, da ein solches für die Messung von Weißlicht bestimmtes Gerät für die verschiedenen Bereiche des Spektrums recht verschieden empfindlich ist. Für den vorliegenden Zweck lassen sich nur Bolometer oder Thermosäulen verwenden, die alle Bereiche des sichtbaren Spektrums gleich stark absorbieren; relativ einfach und für den vorliegenden Zweck gut brauchbar ist ein Meßsystem mit einer Großflächenthermosäule (z. B. E 1 von Fa. Kipp, Delft) und einem entsprechenden Galvanometer (z. B. „Multiflex" GO der Fa. Lange, Berlin). Diese Meßeinrichtung muß mit einer standardisierten Glühlampe geeicht werden.

Die Blechkästen mit den eingesetzten Filtern werden so weit von der Lichtquelle entfernt aufgestellt, daß 2—3 cm hinter dem Filter eine Intensität von 100 erg/cm² · sec erreicht wird. Da diese Intensität meist an der unteren Grenze der Meßbarkeit liegt, nimmt man die Einstellung so vor, daß man zunächst die Entfernungen für einige höhere, gut meßbare Lichtstärken ermittelt und aus ihnen die gesuchte Entfernung extrapoliert, in der die gewünschte Intensität herrscht. Durch diese Anordnung erreicht man, daß die hinter den Filtern aufgestellten Pflanzen in allen 3 Kästen mit hinreichender Genauigkeit die gleiche Strahlungsenergie erhalten.

3. Versuchsdurchführung

Bei schwachem grünem Sicherheitslicht ordnet man 4—5 *Avena*-Keimlinge pro Kasten in einer Reihe so an, daß die Pflänzchen 2—3 cm hinter der Filterscheibe stehen; dabei ist auf ihre richtige Orientierung (siehe Versuch 40) zu achten. Die der Lichtquelle zugewandte Flanke wird am Anzuchtglas durch einen schwarzen Strich markiert. Auf den Boden des Blechkastens stellt man eine wassergefüllte Glasschale und schließt den Deckel. Dann wird 4 Std lang belichtet und am Ende dieser Zeit die eingetretene Krümmung nach der in Versuch 16 und 41 beschriebenen Methode bestimmt.

Ergebnis

Die Koleoptilen haben sich im blauen Licht deutlich positiv phototropisch gekrümmt (Krümmungswinkel mindestens 20—30°), im Grünlicht viel weniger (etwa 10°) und im Rotlicht überhaupt nicht.

Aus diesem Ergebnis ist zunächst rein optisch zu schließen, daß der für die Reaktion verantwortliche Lichtacceptor die blauen Strahlen maximal absorbiert, daß er also selbst orange oder gelb gefärbt sein muß. Nach der Form des Wirkungsspektrums kommen hier vor allem Carotinoide oder Flavine in Frage. Eine endgültige Entscheidung darüber, ob eine dieser beiden Pigmentarten allein, oder ob beide zusammen am Zustandekommen der phototropischen Reaktion beteiligt sind, steht trotz zahlreicher Untersuchungen bis heute noch aus.

Literatur

BRIGGS, W. R.: Photophysiology. Vol. 1, pp. 223—271. New York: Academic Press 1964.
CURRY, G. M., and K. V. THIMANN: Progress in photobiology, p. 127—134. Elsevier Publ. Co. 1961.
GALSTON, A. W.: Handbuch der Pflanzenphysiologie. Bd. XVII/1, S. 492—529. Berlin-Göttingen-Heidelberg: Springer 1959.

Versuch 49

Nachweis der transversalen Wuchsstoffverlagerung beim Phototropismus nach BOYSEN-JENSEN

Pflanzenmaterial: *Avena*-Keimlinge (Anzucht siehe Anhang S. 131).

Zubehör: Kleine Petrischalen ($\emptyset$ 3—4 cm); Paraffin; Glasstäbe; Rasierklingen; Präpariermikroskop oder Lupe; möglichst dünne Deckgläser; Schreib-Diamant; 4-10 Kurs-Mikroskope mit schwacher Vergrößerung und Okularmikrometer; Glühlampe mit Halterung; grünes Sicherheitslicht (siehe Anhang S. 134).

Zeitbedarf: Versuchsansatz: 1 Std; Beobachtung: 4 Std.

Ausführung

Kleine Petrischalen ($\emptyset$ 3—4 cm) werden bis zu ihrer halben Höhe mit Paraffin ausgegossen. In diese Schicht wird ein kurzer Glasstift vom Kaliber des Hohlraumes der Koleoptilbasis senkrecht eingeschmolzen. Nun werden in der Dunkelkammer bei grünem Sicherheitslicht völlig gerade gewachsene *Avena*-Keimlinge an der Basis der Koleoptile mit einer Rasierklinge leicht eingeritzt, die Koleoptile wird durch leichtes Biegen abgeknickt und vorsichtig nach oben vom Primärblatt abgezogen. Dann nimmt man die isolierte Koleoptile an der Spitze zwischen Daumen und Zeigefinger und schneidet die Spitze genau median längs ihrer *kurzen* Querschnittsachse 3 mm tief ein. Unter einem Präpariermikroskop oder einer Lupe prüft man, ob der Schnitt richtig geführt wurde; Koleoptilen mit nicht genau median gespaltenen Spitzen werden verworfen. In den Spalt setzt man ein möglichst dünnes quadratisches Deckglasscheibchen von 4 mm Kantenlänge trocken ein (solche Deckglasscheibchen lassen sich mit einem Schreib-Diamanten und einem Lineal aus ganzen Deckgläsern leicht ausschneiden) und steckt schließlich die ganze Koleoptile, nachdem sie von unten auf 25 mm gekürzt wurde, auf den Glasstift der Petrischale.

Schließlich werden die Petrischalen soweit mit Leitungswasser gefüllt, daß die Koleoptilen etwa 3 mm darin eintauchen. Zum Versuch verwendet man nur solche Koleoptilen, die sich nach 1 Stunde Wartezeit im Dunkeln nicht gekrümmt haben. Je ein völlig gerade gebliebenes Exemplar stellt man auf den Objekttisch eines Mikroskops, so daß die Koleoptilspitze mit schwacher Vergrößerung von oben betrachtet werden kann. Die Mikroskope werden in einem Halbkreis um eine 20-W-Glühlampe gruppiert und alle Koleoptilen einseitig mit der gleichen Intensität (etwa 60 Lux Dauerlicht) bestrahlt, und zwar eine Gruppe von der Schmalseite, also senkrecht zum Einschnitt, die andere von der Breitseite, d. h. parallel zum Spalt. Durch eine direkt vor der Koleoptile angebrachte Blende (schwarzes Papier) wird dafür gesorgt, daß nur der gespaltene Teil der Spitze vom Licht getroffen wird.

Mit Mikrometerokularen mißt man an einer Kante der Deckglasscheibchen die Abweichungen der Koleoptilspitzen 4 Std lang in Abständen von 1 Std und berechnet daraus für jede Versuchsgruppe den Mittelwert; da das Ergebnis um so verläßlicher wird, je mehr Koleoptilen man für jede Meßreihe verwendet, muß der Versuch gegebenenfalls 2—3mal wiederholt werden.

Ergebnis

Die Spitzenabweichung wird bei der Belichtung parallel zum Spalt bereits nach 1 Std deutlich sichtbar und erreicht nach 4 Std Werte von etwas über 2 mm. Bei Belichtung senkrecht zum Spalt setzt dagegen die Krümmung erst etwa 2 Std später ein; die Spitzenabweichung ist nach 4 Std kaum halb so groß wie bei Parallelbelichtung: etwa 0,9 mm. Das Ergebnis zeigt, daß die phototropische Krümmung beträchtlich gehemmt wird, wenn der Diffusionsweg zwischen Licht- und Schattenhälfte der Koleoptilspitze blockiert ist.

BOYSEN-JENSEN, von dem dieses Versuchsprinzip stammt, interpretierte das Ergebnis folgendermaßen:

Einseitige Belichtung verursacht in der Koleoptilspitze eine Auxinverlagerung zur Schattenhälfte und fördert dadurch hier das Wachstum. Werden Licht- und Schattenhälfte voneinander getrennt, dann ist der Weg der transversalen Auxinwanderung unterbrochen. — Die Hemmung der phototropischen Krümmung bei Belichtung senkrecht zum Glasplättchen spricht für diese Annahme; da die Krümmung unter diesen Bedingungen aber keineswegs völlig verhindert wird, dürfte am Induktionsmechanismus neben der Wuchsstoffverschiebung auch noch ein anderer Faktor mit beteiligt sein.

Literatur

BOYSEN-JENSEN, P.: Planta **5**, 464—477 (1928).
BRAUNER, L.: Z. Botanik **43**, 467—498 (1955).

Versuch 50

Trennung von phototropischer Induktion und Krümmungsreaktion

Pflanzenmaterial: *Helianthus*-Keimlinge (Anzucht siehe Anhang S. 130).

Zubehör: 2 Kippstative (siehe Abb. 9); Aggregat aus Leuchtstoffröhren mit hohem Blauanteil (z. B. Osram, Lichtfarbe 15, Philips, Lichtfarbe 55) als Lichtquelle (siehe Abb. 25); IES-Lösung (10 mg/l); Glascapillaren (siehe Abb. 13); grünes Sicherheitslicht (siehe Anhang S. 134).

Zeitbedarf: Vorbereitung: 2 Tage; Ausführung: 1 Tag.

Ausführung

Bei 15—20 *Helianthus*-Keimlingen wird die Kotyledonarebene durch 2 schwarze Striche auf dem Anzuchtglas markiert; dann dekapitiert man die Pflanzen (siehe Versuch 26) und stellt sie in einen feuchtgehaltenen Dunkelschrank (Temp. etwa 20° C). Nach 48 Std beschickt man 2 Stative mit je 6—8 verarmten Keimlingen und orientiert sie durch Drehen des Anzuchtgläschens so, daß die bezeichnete Kotyledonarebene parallel zur Längsachse des Stativs steht. Die beiden Stative werden nun vor einem Aggregat von 2 parallel montierten „Tageslicht"-Leuchtstoffröhren aufgestellt und die Pflanzen senkrecht zur Kotyledonarebene mit etwa 7000 Lux 16 Std lang einseitig belichtet; während dieser Zeit müssen die Pflänzchen mehrmals gegossen werden. Die dem Licht zugewandte Flanke wird am Anzuchtglas durch einen schwarzen Strich markiert.

Nach Beendigung der Belichtung werden bei schwachem Grünlicht auf die Hypokotylstümpfe konische Capillarröhrchen aus Glas (siehe Abb. 13) aufgesetzt, die bei den Pflanzen der ersten Gruppe mit IES-Lösung (10 mg/l), bei denen der zweiten Gruppe mit destilliertem Wasser gefüllt sind.

Um das Verhalten sämtlicher Versuchspflanzen nebeneinander in der gleichen Ebene registrieren zu können, dreht man nun die einzelnen Keimlinge in ihren Haltern um genau 90° und registriert die Reaktion nach dem Aufsetzen der Röhrchen 3 Std lang in Stundenintervallen durch Zeichnen oder Photographieren.

Ergebnis

Bei den Kontrollpflanzen mit wassergefüllten Capillaren entwickelt sich praktisch keine phototropische Krümmung; die durch die Dekapitation an Wuchsstoff verarmten Hypokotyle sind also nicht imstande, eine Krümmungsreaktion auszuführen. Daß trotzdem eine phototropische Induktion stattgefunden haben muß und daß demnach das Ausbleiben der Krümmung nur dem Wuchsstoffmangel zuzuschreiben ist, läßt sich am Verhalten der *nach* der Belichtung mit IES versorgten Hypokotyle erkennen; diese krümmen sich deutlich im Sinne der vorherigen Reizung (Krümmungswinkel nach 3 Std etwa 18°). Um verläßliche Mittelwerte zu erhalten, muß der Versuch 2- bis 3mal wiederholt werden.

Literatur

BRAUNER, L.: Z. Bot. **14**, 497—547 (1922).
DIEMER, R.: Planta **57**, 111—137 (1961).
v. GUTTENBERG, H.: Planta **53**, 412—433 (1959).

3. Wachstumsbedingter Phototropismus der Laubblätter

Versuch 51

Beobachtung der phototropischen Einstellung von Laubblättern; Bildung eines Blattmosaiks

Pflanzenmaterial: Junge Topfpflanzen von *Tropaeolum majus*, *Begonia rex* oder *Sparmannia africana*.

Zubehör: An einer Seite offene Dunkelstürze.

Zeitbedarf: mehrere Wochen.

Ausführung

Junge, kräftig wachsende Topfpflanzen der 3 genannten Arten werden an einem sonnigen Platz im Gewächshaus aufgestellt und so mit einem an einer Seite offenen Dunkelsturz bedeckt, daß die offene Seite nach Süden zeigt. Der Sturz muß so groß sein, daß er die sich entwickelnden Blätter nicht behindert (siehe Abb. 32). Die Einstellung der Blätter zum Licht und die Lage der neugebildeten Blätter wird mehrere Wochen lang beobachtet.

Ergebnis

Die noch nicht voll ausgewachsenen Blätter stellen im Verlauf von einigen Tagen ihre Spreiten senkrecht zum einfallenden Licht ein; auch die neu hinzukommenden Blätter zeigen das gleiche Verhalten. Betrachtet man die

Pflanzen nach einigen Wochen von vorn, d. h. von der Seite des einfallenden
Lichts her, so fällt auf, daß sowohl die Blätter, die bei der Aufstellung

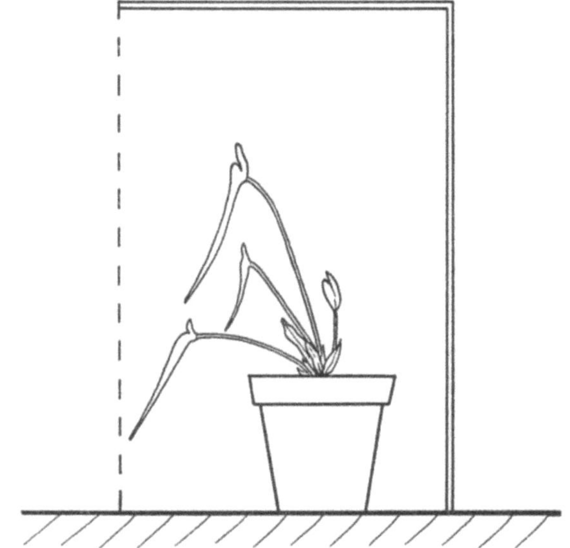

Abb. 32. Versuchsanordnung zur einseitigen Belichtung einer Topfpflanze

schon vorhanden waren, als auch die neugebildeten ein gemeinsames Muster
bilden, bei dem sich die Blattlamina gegenseitig so wenig wie möglich beschatten („Blattmosaik", siehe Abb. 33).

Abb. 33. Blattmosaik von *Hedera helix* (nach LEPESCHKIN)

Die transversale Einstellung der Blattlamina zum Licht und die Bildung
des Mosaiks wird bei den hier untersuchten Pflanzen durch wachstumsbe-
dingte Krümmungen und Torsionen der Blattstiele erreicht. Bei der Auslö-

sung dieser Bewegungen haben wir es mit einem Zusammenwirken verschiedenartiger Reaktionen zu tun. Zwei Faktoren können jedoch sicher unterschieden werden:

1. Die Einstellung der Blattstiele in die Lichtrichtung und

2. die Reaktion, die dazu führt, daß gegenseitige Beschattung der Lamina vermieden wird.

Bei der ersteren spielt der Blattstiel als Perzeptionsorgan die entscheidende Rolle (siehe Versuch 52), bei der letzteren, der „Schattenfluchtreaktion", erfolgt die Perzeption durch die Spreite und der Stiel ist nur das Reaktionsorgan (siehe Versuch 53).

Die senkrechte Einstellung der Blätter zum Licht kann im vorliegenden Fall nicht als Transversalphototropismus bezeichnet werden, da die Blattlamina ja nur passiv in diese Lage gebracht werden; der aktive Teil, nämlich der Blattstiel, reagiert eindeutig orthophototrop. Echte transversalphototropische Reaktionen werden im Versuch 54 gezeigt.

Literatur

Ball, N. G.: Proc. roy. Dublin Soc. N. S. **17**, 281—286 (1923).
Brauner, L.: Handbuch der Pflanzenphysiologie. Bd. XVII/1, S. 472—491. Berlin-Göttingen-Heidelberg: Springer 1959.

Versuch 52

Die Rolle von Blattstiel und -spreite bei der phototropischen Einstellung der Laubblätter

Pflanzenmaterial: Etwa 3 Wochen alte Topfpflanzen von *Tropaeolum majus* (möglichst aus dem Freiland); da nur die Primärblätter zum Versuch verwendet werden, muß eine größere Zahl von Pflanzen zur Verfügung stehen.

Zubehör: Erlenmeyer-Kölbchen (25 ml), dazu passende Korkstopfen; leichtes schwarzes Seidenpapier (z. B. Schreibmaschinen-Kohlepapier); 75-W-Glühlampen; grünes Sicherheitslicht (siehe Anhang S. 134); Einrichtung zur zeichnerischen oder photographischen Registrierung (siehe Versuch 16 und 41); Capillarröhrchen (siehe Abb. 13); IES-Lösung (10 mg/l).

Zeitbedarf: etwa 6 Std.

a) Belichtung von Blattstiel oder Blattspreite

Ausführung

Kräftige Primärblätter mit möglichst geraden Blattstielen werden an deren Basis abgeschnitten; die Stiele werden unter Wasser um etwa 1 cm gekürzt, und zur Erleichterung der Wasseraufnahme das Ende des Blattstiels etwa 1 cm längs eingeschnitten. Schließlich befestigt man die Stiele mit Hilfe eines durchbohrten, in Hälften gespaltenen Korkstopfens in einem kleinen wassergefüllten Erlenmeyer-Kolben; dabei ist darauf zu achten, daß der Blattstiel durch den Stopfen nicht zusammengedrückt wird. Die Blattstiele von *Tropaeolum* wachsen ausgeprägt epinastisch: ihre Gleichgewichtslage liegt bei einer Neigung von 20—25° gegen die Ventralseite. Um eine Überlagerung der zu untersuchenden phototropischen Reaktion durch autonome Bewegungen zu vermeiden, müssen deshalb die Stiele mit ihren Gläschen mindestens 1 Std vor der Belichtung in ihrer natürlichen Schräglage an einem Stativ befestigt werden. Die zum Versuch vorbereiteten Pflanzen werden in der Dunkelkammer bei schwachem Grünlicht in 3 Gruppen eingeteilt. Bei Gruppe 1 wird die Blattspreite durch einen Umschlag aus leichtem, schwarzem Seidenpapier (z. B. Schreibmaschinen-Kohlepapier) lichtdicht verhüllt; bei Gruppe 2 wird der ganze Blattstiel durch einen schwarzen Papierstreifen abgeschirmt, der die Spreite unbeschattet läßt; Gruppe 3 bleibt als Kontrolle unverdunkelt. Neben jeden Stiel wird eine längere Nadel genau parallel in den Kork eingesteckt, die als Bezugsmarke bei den folgenden Messungen dienen soll. Man stellt nun alle Pflanzen in einem Kreis um eine 75-W-Glühlampe so auf, daß sie genau von der Ventralseite her mit etwa 500 Lux belichtet werden. Nach 3 Std wird die Reaktion zeichnerisch oder photographisch (siehe Versuch 16 und 41) registriert.

Ergebnis

Die unverdunkelten Kontrollpflanzen (Gruppe 3) zeigen eine deutliche positiv phototropische Reaktion ihrer Blattstiele; die erreichten Krümmungswinkel betragen — bezogen auf die Ausgangsstellung — etwa 25°. Die Pflanzen der Gruppe 2, bei denen nur die Blattspreite belichtet wurde, krümmen sich dagegen nur ganz schwach, während bei belichtetem Blattstiel die Reaktion z. T. sogar stärker ist als bei den Kontrollen. Dieses Ergebnis zeigt, daß beim Laubblatt von Tropaeolum allein der *Stiel* als Perzeptionsorgan für den phototropischen Reiz wirkt. Daß aber auch die Blatt*spreite* am Zustandekommen der Krümmungsreaktion beteiligt ist, zeigt der folgende Versuch.

b) Belichtung von isolierten Blattstielen

Ausführung

Primärblätter werden in der im Abschnitt a) geschilderten Weise zum Versuch hergerichtet und in der Dunkelkammer wiederum in 3 Gruppen eingeteilt. Bei der Gruppe 1 wird die Blattspreite unmittelbar unter ihrer Ansatzstelle abgeschnitten und auf den Blattstielstumpf ein wassergefülltes Capillarröhrchen (siehe Abb. 13) aufgesetzt; bei der Gruppe 2 wird die Spreite ebenfalls entfernt, das aufgesetzte Capillarröhrchen wird aber statt mit Wasser mit einer IES-Lösung (10 mg/l) gefüllt; Gruppe 3 enthält intakte Blätter und dient als Kontrolle. Der besseren Vergleichbarkeit wegen werden diesmal die Blattstiele aller 3 Gruppen vertikal aufgestellt. Von jeder Gruppe wird nun die Hälfte der Pflanzen dunkel gestellt; von der anderen Hälfte werden die Blätter bzw. Blattstiele ventral mit 1000 Lux belichtet.

Nach 6 Std registriert man die eingetretenen Krümmungen durch Zeichnungen oder Photogramme (siehe Versuch 16 und 41).

Ergebnis

Als Effekt der Belichtung berechnet man die Differenz der Licht- und der Dunkelkrümmungen (L — D). Während sich die Blattstiele der Gruppe 1 nur verhältnismäßig schwach phototropisch gekrümmt haben (L — D etwa 18°), zeigen diejenigen der Gruppe 2 eine Reaktion, die fast so stark ist, wie die der intakten Kontrollpflanzen (L — D-Wert der Kontrollen etwa 35°, der der Gruppe 2 etwa 30°).

Aus diesem Ergebnis kann wiederum der Schluß gezogen werden, daß das Perzeptionsorgan für die Lichtrichtung vor allem der Blattstiel ist; er vermag aber nur dann phototropisch zu reagieren, wenn er Auxin zugeführt erhält. Bei der intakten Pflanze wird der Wuchsstoff offenbar von der Blattspreite geliefert; der geschilderte Versuch zeigt, daß diese natürliche Versorgung durch eine künstliche IES-Quelle ersetzt werden kann.

Literatur

BRAUNER, L.: Handbuch der Pflanzenphysiologie. Bd. XVII/1, S. 472—491. Berlin-Göttingen-Heidelberg: Springer 1959.

BRAUNER, L., u. Y. VARDAR: Rev. Fac. Sci. Univ. Istanbul, Ser. B. **15**, 269—299 (1950).

Versuch 53

„Schattenfluchtreaktion" von Laubblättern

Pflanzenmaterial: Junge Topfpflanzen von *Tropaeolum majus, Sparmannia africana* oder *Plectranthus fruticosus.*

Zubehör: Stativmaterial; dunkle steife Pappe; Lichtquelle (Leuchtstoffröhren oder 100-W-Glühlampen).

Zeitbedarf: Versuchsansatz: etwa 1 Std; Beobachtung: mehrere Tage.

Ausführung und Ergebnis

Junge, kräftige Topfpflanzen von *Tropaeolum, Sparmannia* oder *Plectranthus* werden durch Anbinden des Stengels an eine Holzstütze in ihrer Lage fixiert. Man stellt die Pflanzen in einer Dunkelkammer auf und belichtet sie senkrecht von oben mit einem Leuchtstoffröhrenaggregat oder mit Glühlampen. Die Lichtintensität in der Höhe der Blätter soll etwa 1000 Lux betragen. Über einigen nicht zu alten, möglichst horizontal stehenden Blättern werden als Lichtblenden Streifen von dunkler, steifer Pappe mit Hilfe von Klammern an einem Stativ befestigt. Die Blenden werden so eingestellt, daß sie wenige mm über dem Blatt stehen und eine seiner Längs-

hälften gegen das von oben einfallende Licht abschirmen; durch diese Anordnung wird eine Blatthälfte voll belichtet, während die andere im Schatten liegt.

Im Laufe von mehreren Tagen verändern die Blätter ihre Lage in der
Weise, daß sie sich unter Beibehaltung der Horizontalstellung allmählich
von der Lichtblende wegbewegen. Dadurch kommt eine immer größere
Blattfläche in den vollen Lichtgenuß, bis schließlich die ganze Blattspreite
aus dem Schatten „geflohen" ist („shade escape reaction" nach BALL). Die
Bewegung beruht auf einer Krümmung des Blattstiels und kommt vermutlich dadurch zustande, daß die beschattete Blattfläche relativ mehr Auxin
an die mit ihr in Verbindung stehenden Flanke des Blattstiels abgibt als die
belichtete. Diese Asymmetrie der Auxinbelieferung könnte auf einer Inakti-
vierung des Wuchsstoffs im belichteten Teil der Spreite oder auf einer einseitigen Hemmung der Stoffableitung durch das Licht beruhen.

Literatur

BALL, N. G.: Proc. roy. Dublin Soc. N. S. **17**, 281—286 (1923).
BRAUNER, L.: Handbuch der Pflanzenphysiologie. Bd. XVII/1, S. 472—491. Berlin-
    Göttingen-Heidelberg: Springer 1959.
RAYDT, G.: Jb. wiss. Bot. **64**, 731—769 (1925).

Versuch 54

Transversalphototropische Reaktion von Blättern
und Thallusabschnitten

Pflanzenmaterial: Junge Topfpflanzen von *Stachys silvatica* und *Plectranthus fruticosus*; flache, mit Erde gefüllte Tonschalen, in die einige Tage
vor dem Versuch Thallusabschnitte von *Fegatella conica* oder *Lunularia
cruciata* so eingepflanzt wurden, daß alle wachstumsfähigen Thallusenden
in eine Richtung zeigen.

Zubehör: Einseitig offene Dunkelstürze; Holzstäbe; Messingdraht; Bast;
Mikroskop; Präparierzeug.

Zeitbedarf: Versuchsansatz: etwa 1 Std; Beobachtung: einige Tage bzw.
mehrere Wochen.

Vorbemerkung

Die Ergebnisse der Versuche 51 und 52 haben gezeigt, daß der Blattstiel
in der Lage ist, die Licht*richtung* zu perzipieren; er reagiert dabei orthophototrop. Bei der „Schattenfluchtreaktion" (Versuch 53) wird die Bewegung der Blätter nicht durch die Lichtrichtung sondern durch die verschieden
starke Belichtung der einzelnen Teile der Blattspreite induziert. An einigen
Pflanzenorganen lassen sich jedoch auch echte transversalphototropische
Reaktionen nachweisen.

a) *Laubblätter*

Ausführung

Da bei diesem Versuch nur die Reaktion der Blattspreiten geprüft werden soll, müssen die Blattstiele fixiert werden. Dazu steckt man neben die Stengel der Versuchspflanzen (*Stachys* und *Plectranthus*) einen Holzstab in die Erde und befestigt daran einen Messingdraht (etwa 1 mm dick) mit 2 Armen von der Länge und dem Neigungswinkel der Blattstiele. Die Stiele eines Blattpaares werden an den Drähten, der Stengel am Holzstab selbst mit angefeuchteten Baststreifen angebunden. Nun stellt man die Pflanzen an einem sonnigen Platz im Gewächshaus auf und bedeckt sie mit einem gegen die Lichtseite offenen Dunkelsturz (siehe Abb. 32). Die fixierten Blattpaare sollen dabei so orientiert sein, daß bei *Stachys* ihre Mittelrippen parallel, bei *Plectranthus* senkrecht zum einfallenden Licht orientiert sind; dadurch werden die Blätter bei *Stachys* von der Spitze bzw. von der Basis her, bei *Plectranthus* von der Seite beleuchtet.

Ergebnis

Nach einigen Tagen haben sich die Blattspreiten in der in Abb. 34 und 35 dargestellten Weise gekrümmt. Bei *Stachys* krümmt sich das vordere Blatt mit seiner Spitze nach unten, die „Ohren" der Spreite etwas nach

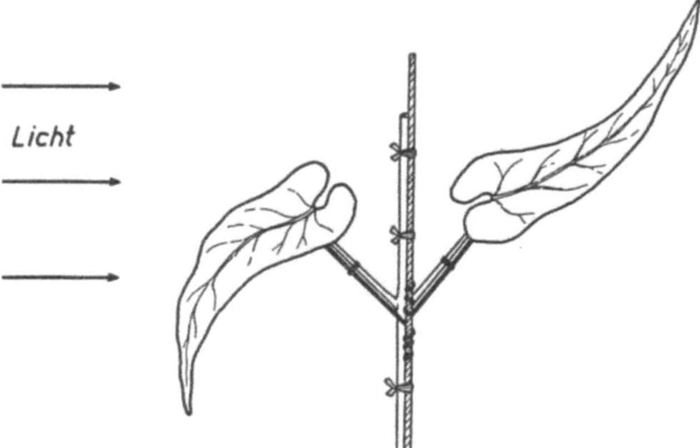

Abb. 34. Transversalphototropische Reaktion der Blätter von *Stachys silvatica* bei einseitiger Belichtung

oben, so daß die ganze Spreite „S"-förmig gegen den Lichteinfall gebogen erscheint. Das hintere Blatt verhält sich invers. Beide Spreiten haben sich demnach mehr oder weniger senkrecht zur Lichtrichtung eingestellt; bei *Plectranthus* ist die stärkste Reaktion an den Randpartien des basalen Teiles zu beobachten: Die lichtzugekehrte Längshälfte hat sich gesenkt, die abgekehrte Hälfte hat sich hochgebogen.

6 Brauner/Rau, Bewegungsphysiologie

b) Thallusabschnitte

1. Tonschalen mit *Fegatella* oder *Lunularia* werden in einem nicht zu hellen Gewächshaus bei hoher Luftfeuchtigkeit aufgestellt und so mit einem einseitig offenen Dunkelsturz bedeckt, daß die wachstumsfähigen Spitzen

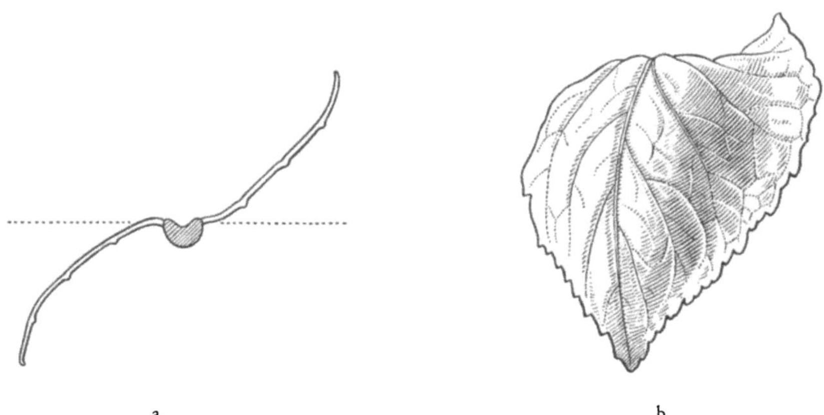

a   b

Abb. 35 a u. b. *Plectranthus fruticosus,* Krümmung der Blattspreite bei lateraler Beleuchtung von links. a Schematischer Blattquerschnitt; b Vorderansicht des gekrümmten Blattes. (Nach RAYDT, 1925)

der Thallusabschnitte vom einfallenden Licht abgewandt sind. Die von der Basis her belichteten Thallusenden wachsen im Lauf von einigen Wochen in zunehmendem Maß nach oben und orientieren sich dadurch annähernd senkrecht zur Lichtrichtung.

2. Thallusabschnitte von *Fegatella, Lunularia* oder *Marchantia* werden so aufgestellt, daß sie von der *Spitze* her schräg beleuchtet werden. Von den innerhalb einiger Wochen zugewachsenen Teilen werden Längsschnitte angefertigt, deren Ebene parallel zur Mediane des Thallus liegt. Bei mikroskopischer Betrachtung sieht man, daß die chloroplastenreichen Assimilationsfäden in den Luftkammern („Assimilatoren") nicht mehr senkrecht stehen, sondern sich dem einfallenden Licht zugewandt haben; jeder von ihnen hat also positiv phototropisch reagiert.

Literatur

BRAUNER, L.: Handbuch der Pflanzenphysiologie. Bd. XVII/1, S. 472—491. Berlin-Göttingen-Heidelberg: Springer 1959.
LIESE, J.: Beitr. z. allg. Bot. 2, 323—362 (1923).
RAYDT, G.: Jb. wiss. Bot. 64, 731—769 (1925).
SNOW, R.: New Phytologist 46, 258—261 (1946).

4. Änderungen im phototropischen Verhalten

Versuch 55

Beobachtung der Blüten- und Fruchtstiele von *Linaria cymbalaria*

Linaria cymbalaria wächst an Mauern und blüht von Mai bis September; in jeder Blattachsel des kriechenden Sprosses entwickelt sich eine Blütenknospe. Zur Beobachtung eignen sich am besten einzelstehende Pflanzen mit langen Sprossen, weil bei ihnen alle Stadien der Blüten- und Fruchtentwicklung noch nebeneinander vorhanden sind. Die Stiele der voll geöffneten Blüten stehen meist schräg nach oben von der senkrechten Mauer weg, die Blütenstiele sind demnach positiv phototropisch, dem einseitig einfallenden Licht zugewandt. Nach der Befruchtung und dem Abfall der Korolle setzt eine Umstimmung der phototropischen Reaktionsrichtung ein; die Stiele der jungen Früchte sind negativ phototropisch geworden und wachsen in einem weiten Bogen vom Licht weg auf die Mauer zu. Dadurch können die reifen Früchte später ihre Samen in die Ritzen der Mauer entleeren.

Der Mechanismus der beschriebenen beiden Krümmungsphasen ist noch nicht eindeutig aufgeklärt. Vermutlich sind an der Umstimmung Veränderungen der Auxinbelieferung und vielleicht auch der Auxinempfindlichkeit des Stiels nach der Befruchtung der Blüte beteiligt.

Literatur

SCHMITT, E. M.: Z. Bot. **14**, 625—675 (1922).

Versuch 56

Phototropisches Verhalten der Blüten- und Fruchtstiele
von *Cyclamen*

Pflanzenmaterial: Pflanzen einer Kulturrasse von *Cyclamen persicum* mit Blütenknospen und älteren Blüten.

Zubehör: Erlenmeyer-Kolben (25—50 ml); Watte; Korkstopfen; Leuchtstoffröhrenaggregat (siehe Versuch 41) oder 200-W-Glühlampe; Einrichtung zur Herstellung von Schattenbildern oder Photogrammen (siehe Versuch 16).

Zeitbedarf: 3 Tage.

Ausführung

Möglichst gerade gewachsene Stiele von Blütenknospen werden an ihrer Basis abgeschnitten und unter Wasser um etwa 1 cm gekürzt. Um die Wasseraufnahme zu erleichtern, schneidet man die Enden kreuzweise etwa 1 cm tief ein und befestigt dann die Stiele, ohne sie zusammenzudrücken, mit

6*

Hilfe eines Wattestopfens oder eines durchbohrten, in Hälften gespaltenen Korkstopfens in einem wassergefüllten Erlenmeyer-Kolben. Die Knospenstiele werden in einer Dunkelkammer bei möglichst hoher Luftfeuchtigkeit aufgestellt. Um im Gewächshaus perzipierte Lichtreize abklingen zu lassen, beläßt man die Pflanzen einige Stunden zunächst im Dunkeln. Zur einseitigen phototropischen Reizung werden die Stiele dann so vor einer Lichtquelle aufgestellt, daß eine ihrer Lateralflanken dem Licht zugewandt ist; die Lichtintensität soll etwa 5000 Lux betragen. Nach etwa 10 und nach 24 Std wird die eingetretene Krümmung zeichnerisch oder photographisch registriert (siehe Versuch 16).

Das phototropische Verhalten der Fruchtstiele wird in der gleichen Weise untersucht. Um einen Fruchtansatz zu erzielen, muß man die Pflanzen in ein nicht zu kühles Gewächshaus stellen und die Blüten möglichst bei Sonnenbestrahlung mit einem Pinsel künstlich bestäuben. Da der Prozentsatz der erfolgreichen Bestäubungen während der sonnenarmen Jahreszeit nicht sehr groß ist, empfiehlt es sich, stets mehr Pflanzen vorzubereiten, als für den Versuch benötigt werden. Die erfolgte Befruchtung ist mehrere Tage nach der Bestäubung am Abfallen der Korolle zu erkennen. Die jungen Fruchtstiele müssen bereits einige Stunden danach zum Versuch verwendet werden, da sie sich später auch ohne Lichtreiz autonom einkrümmen. Die Reaktion der Fruchtstiele wird in 24stündigem Abstand 48 Std lang registriert.

Ergebnis

Knospenstiele reagieren auf einseitige Belichtung mit einer positiven, junge Fruchtstiele dagegen mit einer negativen Krümmung. Nach 24 Std ist bei den Knospenstielen ein Krümmungswinkel von etwa $+45°$ zu erwarten. Bei Fruchtstielen beträgt die Reaktion dann etwa $-17°$; am folgenden Tag wächst sie jedoch bereits bis auf etwa $-40°$ an. Die absolute Größe des Effekts hängt allerdings sehr von der verwendeten *Cyclamen*-rasse ab.

Worauf die Umkehrung der phototropischen Reaktion nach der Befruchtung beruht, ist noch nicht eindeutig geklärt; die positive Krümmung der jungen Knospenstiele dürfte durch Turgorveränderungen gesteuert werden; für die negative Reaktion der Fruchtstiele scheint ein asymmetrischer Auxineffekt verantwortlich zu sein.

Literatur

Oehlkers, F.: Jb. wiss. Bot. **61**, 66—125 (1922).
Zinsmeister, H. D.: Planta **55**, 647—668 (1960).

III. Andere Tropismen

Versuch 57

Hydrotropismus von Wurzeln

Pflanzenmaterial: Samen von *Lepidium sativum* (Gartenkresse), *Cucurbita pepo* (Kürbis) und *Cucumis sativus* (Gurke).

Zubehör: Glasküvetten; Glasplatten; Filtrierpapier; Kästchen aus engem Drahtgitter; Wurzelkasten (siehe Abb. 19).

Zeitbedarf: Versuchsansatz: 1—2 Std; Beobachtung: mehrere Tage.

Prinzip der Methode

Bei allen hier beschriebenen Versuchen wird geprüft, ob ein transversaler Feuchtigkeitsgradient Wurzeln aus ihrer positiv geotropischen Wachstumsrichtung abzulenken vermag. Man stellt dazu ein Feuchtigkeitsgefälle in einem definierten Winkel gegen die Schwerkraftrichtung her und beobachtet, ob die richtende Wirkung einer der beiden Faktoren überwiegt. Werden die Wurzeln nicht aus der Senkrechten abgelenkt, so kann angenommen werden, daß sie entweder gar nicht hydrotropisch reagieren oder daß der Hydrotropismus zu schwach ausgeprägt ist, um den Geotropismus zu überwinden.

Ausführung und Ergebnis

a) Kressesamen (*Lepidium sativum*) werden in einer Petrischale auf nassem Filtrierpapier zum Keimen ausgelegt. Um ein gerades Wachstum der Keimwurzeln zu erzielen, muß die Schale schräg aufgestellt werden. Wenn die Wurzeln eine Länge von 4—6 mm erreicht haben (etwa nach 24 Std) legt man jeweils einige Keimlinge auf 2 Glasplatten, die mit nassem Filtrierpapier umwickelt wurden; dabei ist darauf zu achten, daß die Wurzeln am Papier gut anliegen. Die eine der Platten wird mit den Keimlingen auf ihrer Unterseite schräg (Neigungswinkel etwa 45°) in eine Glasküvette gestellt, deren Boden mit Wasser bedeckt ist und deren Seitenwände mit feuchtem Filtrierpapier ausgeschlagen sind; das Gefäß wird mit einem gut aufliegenden Deckel verschlossen. Die zweite Glasplatte wird offen im Zimmer mit der Unterkante in eine Schale mit Wasser gestellt und wiederum mit den Keimlingen nach unten in der gleichen Schräglage (etwa 45°) an einem Stativ festgeklemmt. Der Versuch wird unter Vermeidung einseitiger Belichtung aufgestellt und etwa 24 Std beobachtet.

An der offenstehenden Platte (relativ trockene Luft) schmiegen sich die Wurzeln der Keimlinge bei ihrem weiteren Wachstum dem feuchten Filtrierpapier an; in der Küvette, in der die Luft praktisch wasserdampfgesättigt ist, wachsen sie dagegen senkrecht nach unten.

b) 4 Kästchen (Bodenfläche etwa 20 × 20 cm, Höhe etwa 5 cm) aus Drahtgitter (Maschenweite etwa 5 mm) werden mit feuchtem Sägemehl gefüllt; 2 davon werden mit vorgekeimten Kürbissamen (Nr. 1 und 2), die beiden anderen mit vorgekeimten Gurkensamen (Nr. 3 und 4) bepflanzt. Die Kästchen Nr. 1 und 3 stellt oder hängt man in einem schattierten Gewächshaus so auf, daß ihre Bodenfläche etwa 45° gegen die Horizontale geneigt ist; die Kästchen 2 und 4 stellt man in der gleichen Schräglage in einen Glaskasten mit wasserdampfgesättigter Atmosphäre. Die durch den Boden der Drahtkörbchen wachsenden Wurzeln werden einige Tage lang beobachtet. In der wasserdampfgesättigten Atmosphäre (Kästchen 2 und 4) wachsen die Wurzeln beider Versuchspflanzen senkrecht nach unten aus dem Gitter heraus. In trockener Luft verhalten sie sich dagegen verschieden: Die Kürbiswurzeln (Kästchen 1) wachsen außen am schrägen feuchten Boden des Drahtkorbes entlang, während die Gurkenwurzeln (Kästchen 3) auch nach ihrem Austritt in die trockene Luft senkrecht nach unten streben; sie werden allerdings außerhalb des Sägemehls nur noch etwa 1 cm lang und vertrocknen dann.

c) Bei den bisherigen Versuchen könnten die Ergebnisse durch thigmotropische Reaktionen beeinflußt worden sein; dies wird bei der folgenden Versuchsanordnung vermieden:

Ein Wurzelkasten (siehe Abb. 19) wird etwa 20 cm hoch mit gesiebter, nicht zu feiner Komposterde gefüllt, die über Nacht bei 105° getrocknet wurde. Auf diese wird eine etwa 5 cm hohe Schicht der gleichen, aber gut durchfeuchteten Erde aufgeschüttet. Dicht an die eine Glaswand pflanzt man etwa 1 cm unter der Oberfläche mit der Keimwurzel nach unten eine Reihe angekeimter Kürbissamen, an die andere Wand angekeimte Gurkensamen ein. Der Wurzelkasten wird nun gut verschlossen und in einem warmen Gewächshaus schräg aufgestellt, so daß seine Längskante einen Winkel von etwa 45° mit der Horizontalen bildet. Die Grenze zwischen trockener und feuchter Erde bleibt mehrere Tage völlig scharf; die Erde darf jedoch während des Versuchs nicht gegossen werden.

Die Wurzeln wachsen zunächst in der feuchten Erde senkrecht nach unten, bis sie auf die trockene Erdschicht treffen. Die meisten Kürbiswurzeln (70—80%) biegen dort um und wachsen dann an der Grenze zwischen trockener und feuchter Erde entlang weiter; nur wenige stoßen noch bis zu 1 cm in die trockene Schicht vor und sterben dort ab. Bei den Gurkenwurzeln zeigt sich das umgekehrte Bild: Der größere Teil (ebenfalls 70—80%) ändert seine senkrechte Wachstumsrichtung nach dem Verlassen der feuchten Erdschicht nicht und vertrocknet deshalb nach dem Eindringen in die untere Schicht; nur wenige Wurzeln wachsen an der Grenzschicht entlang.

Bei dieser Versuchsanordnung ist der Übergang von der höheren zu der niedrigeren Feuchtigkeitsstufe nicht mit einem gleichzeitigen Unterschied in der mechanischen Struktur verbunden. Demnach kann, wenigstens für das Verhalten der Kürbiswurzeln die Mitbeteiligung einer thigmotropischen Reaktion ausgeschlossen werden.

Bemerkungen zu den Versuchen b) und c)

Aus dem Verhalten der Wurzeln von *Cucurbita pepo* und *Cucumis sativus* in den Versuchen b) und c) ist zu ersehen, daß offenbar nicht alle Wurzeln positiv hydrotropisch reagieren oder doch nur so schwach, daß der geotropische Reiz nicht überwunden werden kann. Tatsächlich wurde festgestellt, daß nur bei wenigen Pflanzenarten die Wurzeln eine deutliche hydrotropische Reaktion zeigen und daß auch bei diesen Arten große individuelle Schwankungen im Verhalten vorkommen. Die Frage, ob bei den Wurzeln, die in ihrer Wachstumsrichtung nicht abgelenkt werden, der Hydrotropismus gar nicht oder nur schwach entwickelt ist, läßt sich aufgrund unserer Kenntnisse noch nicht entscheiden.

Literatur

LOOMIS, W. E., and L. M. EWAN: Bot. Gaz. **97**, 728—743 (1936).
ZIEGLER, H.: Handbuch der Pflanzenphysiologie. Bd. XVII/2, S. 432—450. Berlin-Göttingen-Heidelberg: Springer 1962.

V e r s u c h 5 8

Elektrotropismus von *Helianthus*-Hypokotylen

Pflanzenmaterial: *Helianthus*-Keimlinge (Anzucht siehe Anhang S. 130).

Zubehör:

Elektroden: Zu dem Versuch werden 2 unpolarisierbare Flüssigkeitselektroden benötigt, die auf folgende Weise hergestellt werden können: Ein in der Mitte U-förmig gebogenes, dickwandiges Glasrohr (Durchmesser etwa 12 mm) mit 2 angeschmolzenen Einfüllstutzen, die durch Hähne verschließbar sind, ist an einem Ende zu einer pipettenartigen Mündung (innerer Durchmesser 3 mm) ausgezogen; ihr Ende ist plangeschliffen (siehe Abb. 36). In das weite

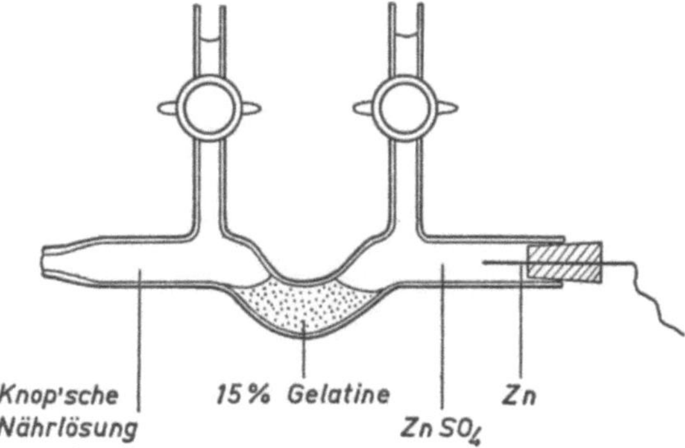

Abb. 36. Unpolarisierbare Flüssigkeitselektrode

Ende der Röhre wird ein Gummistopfen eingepaßt, durch den ein etwa 4 cm langer und 2 mm dicker Zinkdraht gesteckt ist. Der in die Flüssigkeit hineinragende Teil des Drahtes muß amalgamiert werden. Dazu taucht man das Metall kurz in 2 n H_2SO_4 und anschließend in Quecksilber; der beim Herausziehen am Zink hängenbleibende Hg-Tropfen wird dann mit Watte über die ganze Oberfläche verrieben und poliert. Die Elektrode wird nun in ihrem U-förmigen Teil mit 15⁰/oiger Gelatine ausgegossen; nachdem sie erstarrt ist, wird in den hinteren Teil 1,5 molare $ZnSO_4$-Lösung eingefüllt und der Gummistopfen mit dem Zinkdraht luftblasenfrei eingesetzt. Das vordere Teilstück wird mit Knopscher Nährlösung gefüllt; dann werden beide Hähne geschlossen.

Verschiedenes: 4-Volt-Batterie, Schiebewiderstand; empfindliches Amperemeter; Schwachstromkabel; Bananenstecker.

Zeitbedarf: 3—4 Std.

Ausführung

Die beiden Elektroden werden an eine 4-Volt-Batterie angeschlossen; zwischen die eine Elektrode und die Batterie schaltet man einen Schiebewiderstand und ein Amperemeter. Die Elektroden werden nun an entgegengesetzte Flanken des Hypokotyls eines *Helianthus*-Keimlings etwa 1 cm unter dem Ansatz der Kotyledonen angelegt; dabei muß darauf geachtet werden, daß sich zwischen Organ und Elektrodenflüssigkeit keine Luftblase befindet (siehe Schaltschema Abb. 37). Nach dem Schließen des Stromkreises

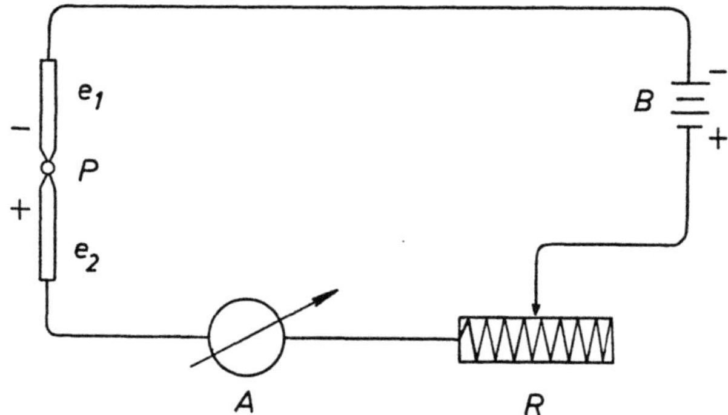

Abb. 37. Schaltschema. e_1, e_2 Elektroden; P Pflanze; A Amperemeter; R Regulierwiderstand; B Batterie

wird mit Hilfe des Schiebewiderstands die Stärke des durch das Hypokotyl fließenden Stroms auf etwa 10—20 μA einreguliert. Das Organ wird 10 min dem Strom ausgesetzt; anschließend entfernt man die Elektroden und verfolgt die entstehende Krümmung zeichnerisch in Abständen von 15 min 2—3 Std lang.

Ergebnis

Das Hypokotyl beginnt sich nach etwa 20 min in Richtung auf die positive Elektrode zu krümmen; der stärkste Krümmungswinkel wird nach

2—3 Std erreicht und beträgt bei den gewählten Bedingungen 10—20°. Um verläßliche Werte zu erhalten, muß der Versuch mehrmals wiederholt werden.

Die Induktion einer tropistischen Krümmung durch den elektrischen Strom beruht vermutlich darauf, daß im durchströmten Organ eine Wuchsstoffwanderung zur elektronegativen Seite stattfindet. Bei Sproßorganen kommt es dadurch zu einer Wachstumsbeschleunigung dieser Flanke und damit zu einer Krümmung in Richtung auf den positiven Pol.

Literatur

SCHRANK, A. R.: Handbuch der Pflanzenphysiologie. Bd. XVII/1, S. 148—163. Berlin-Göttingen-Heidelberg: Springer 1959.

C. Rankenbewegungen

Bei den Bewegungen der Ranken gibt es je nach der Art der Pflanze hinsichtlich der Richtung der Reaktion alle Übergänge zwischen rein tropistischen und rein nastischen Reaktionen. Die Rankenbewegungen bilden deshalb einen Übergang zwischen den in den vorhergehenden Abschnitten behandelten Tropismen und den im folgenden Kapitel zu beschreibenden Nastien.

Die Ranken reagieren in erster Linie auf Berührungsreize, sie sind also thigmotropisch bzw. thigmonastisch. Dabei ist der Reiz aber nur wirksam, wenn die Berührung mit einem Gegenstand erfolgt, dessen Oberfläche nicht zu glatt ist. So löst z. B. Reiben mit 5—14%igem Gelatinegel keine Reaktion aus (PFEFFER); auch Bespritzen mit Flüssigkeiten, selbst mit Quecksilber, bleibt ohne Wirkung. Der Reiz wird sehr wahrscheinlich durch sog. „Fühltüpfel" — dünne Stellen in der Zellwand der Epidermis — aufgenommen. Außer auf Berührung reagieren die Ranken auch auf seismische, thermische, chemische und elektrische Reizung mit Krümmungsreaktionen, allerdings meist nicht so stark. Die Reaktionsfähigkeit beschränkt sich vorwiegend auf junge, noch wachsende Ranken und erlischt vielfach bei älteren Organen; manche Ranken zeigen im Alter eine autonome Krümmungsbewegung, die sog. „Alterseinrollung".

Im Zustand größter Reaktionsfähigkeit (noch nicht ganz ausgewachsene Ranken) ist die Rankenspitze etwas nach unten eingekrümmt. Daraus läßt sich auch bei solchen Formen, die äußerlich keine Dorsiventralität erkennen lassen, ihre morphologische Ober- und Unterseite unterscheiden, da sich die erwähnten autonomen Wachstumskrümmungen stets in epinastischer Richtung entwickeln. Zu den Versuchen sollten nur Ranken in diesem reizempfindlichsten Stadium verwendet werden. Die Ranken der meisten Pflanzenarten lassen eine physiologische Dorsiventralität erkennen und zwar sowohl hinsichtlich ihrer Krümmungsrichtung als auch in der Berührungsempfindlichkeit ihrer Ober- und Unterseite. Nach der Gesamtreizbarkeit und der

Reaktionsweise kann man nach ZELTNER folgende 4 Typen unterscheiden:

1. Allseitig gleichmäßig reagierende Ranken, d. h. ohne ausgesprochene Dorsiventralität (tropistische Reaktion).

2. Allseitig, aber nach verschiedenen Seiten ungleich stark reagierende Ranken mit schwacher Dorsiventralität; die Oberseite ist entweder weniger empfindlich oder das Krümmungsvermögen nach oben ist geringer als nach unten (tropistische Reaktion).

3. Einseitig, nämlich nur in Richtung der Unterseite reagierende Ranken: nastische Reaktion. Die Einkrümmung erfolgt *nur* nach Reizung der Unterseite; eine Reizung der Oberseite führt zu keiner Krümmungsreaktion. Dennoch bleibt sie nicht ohne Folgen: sie schwächt die Wirkung einer gleichzeitigen Reizung der Unterseite ab.

4. Ausgesprochen einseitig, und zwar ebenfalls nur nach unten reagierende Ranken; eine solche Krümmung erfolgt aber nicht nur bei Reizung der Unterseite sondern auch bei Oberseitenreizung (nastische Reaktion).

Zwischen diesen Haupttypen gibt es aber auch Übergänge.

Die Krümmungsreaktion verläuft z. T. sehr rasch und kommt dadurch zustande, daß auf der gereizten Seite eine Wachtstumshemmung eintritt, während die entgegengesetzte Flanke sich stärker verlängert. Ob an der Reaktion auch Turgorveränderungen beteiligt sind, ist nicht endgültig geklärt.

Wird eine Ranke nur kurz gereizt, so setzt bald nach Beendigung der Krümmung eine Gegenreaktion ein, die viel langsamer als die Einkrümmung abläuft und zuletzt wieder zu einer Geradestreckung des Organs führt.

Literatur

BÜNNING, E.: Handbuch der Pflanzenphysiologie. Bd. XVII/1, S. 257—270. Berlin-Göttingen-Heidelberg: Springer 1959.
FITTING, H.: Jb. wiss. Bot. **38**, 545—634 (1903); Jb. wiss. Bot. **39**, 424—526 (1904).
ZELTNER, H.: Z. Bot. **25**, 97—172 (1932).

Versuch 59

Bewegungen der Ranken von *Passiflora coerulea* (Beispiel für Typ 2 nach ZELTNER)

Pflanzenmaterial: Freiland- oder Topfpflanzen von *Passiflora coerulea* mit jungen Ranken.

Zeitbedarf: etwa 1 Std.

Ausführung und Ergebnis

Der Versuch kann mit Freilandpflanzen nur an warmen Tagen, mit Topfpflanzen in einem warmen Gewächshaus ausgeführt werden, da bei niedrigeren Temperaturen die Reaktion sehr verzögert eintritt, unter Umständen sogar ganz ausbleibt.

a) Eine junge, noch nicht ganz ausgewachsene Ranke (meist die 2.—4. Ranke hinter der Sproßspitze), deren Spitze etwas nach unten eingekrümmt ist, wird dadurch gereizt, daß man ihre Unterseite mit einem Holzstäbchen 10mal von der Basis (etwa 5—6 cm unter der Rankenspitze beginnend) zur Spitze streicht; dabei soll die Ranke möglichst wenig gebogen werden. In Abständen von 2 min zeichnet man die Ranke möglichst genau ab.

Nach 1—2 min beginnen sich die oberen 6—8 cm der Ranke langsam zu krümmen, nach 10—15 min hat sich der Spitzenteil einmal uhrfederartig eingerollt. Die Reaktion geht in den meisten Fällen nicht mehr weiter.

b) Bei einer anderen Ranke wird in derselben Weise ihre Oberseite durch 20maliges Streichen gereizt; der Krümmungsverlauf wird wieder durch Zeichnen registriert. Der zeitliche Ablauf der Reaktion ist aus Abb. 38 zu ersehen. Auch bei der Oberseitenreizung beginnt die Krümmung nach 1—2 min; sie ist aber selbst bei der angewendeten doppelten Reizmenge schwächer als bei der Reizung der Organunterseite. Bereits während der in der Abbildung dargestellten Anfangsphase der Krümmung treten zusätzlich noch Torsionen der Ranke ein, die im weiteren Verlauf der Reaktion dazu führen können, daß sich die Rankenspitze 180° um ihre Achse dreht.

Da selbst Ranken desselben Entwicklungszustandes an der gleichen Pflanze verschieden stark reagieren, sollten die Versuche mehrmals wiederholt werden, um einen guten Durchschnittswert für das Ausmaß und die Geschwindigkeit der Krümmung zu

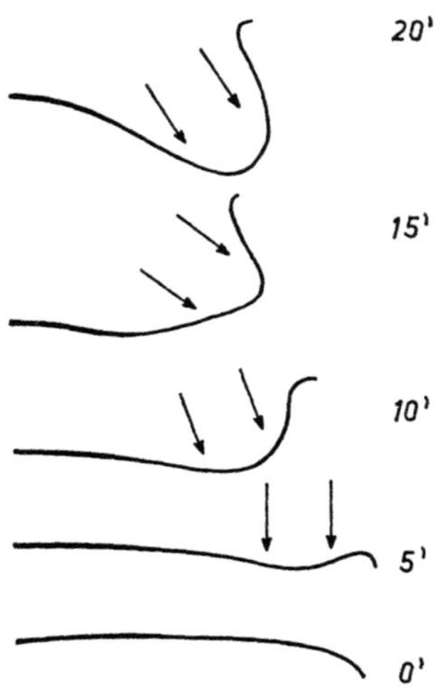

Abb. 38. Krümmungsverlauf einer auf der Oberseite gereizten Ranke von *Passiflora coerulea*; Pfeile: gereizte Flanke

erhalten. Dasselbe gilt auch für alle folgenden Versuche.

Versuch 60

Bewegungen der Ranken von *Passiflora gracilis* (Beispiel für Typ 3 nach ZELTNER)

Pflanzenmaterial: Freiland- oder Topfpflanzen von *Passiflora gracilis* mit jungen Ranken.

Zeitbedarf: etwa 1 Std.

Ausführung und Ergebnis (Versuchsbedingungen wie bei Versuch 59)

a) An einer jungen Ranke mit eingekrümmter Spitze wird, wie beim Versuch 59 beschrieben, die *Unterseite* 5mal gereizt. Anschließend wird der Krümmungsverlauf registriert. Nach etwa 10—15 min ist die Reaktion beendet; die Rankenspitze hat sich uhrfederartig in 1—1½ Umläufen eingekrümmt.

b) Bei einer entsprechenden Ranke wird nun die *Oberseite* 25mal gestrichen, wobei sehr darauf zu achten ist, daß sie dabei nicht zu stark verbogen wird. Diesmal ist selbst nach 15—20 min Wartezeit keine oder nur eine sehr schwache Reaktion festzustellen; wenn eine solche auftritt, so ist sie auf die nicht ganz zu vermeidende Verbiegung zurückzuführen. Daß die Oberseitenreizung aber trotz des Ausbleibens der Krümmungsreaktion perzipiert worden ist, läßt sich durch den folgenden Versuch demonstrieren:

c) An einer geeigneten Ranke wird die Unterseite 5mal und die Oberseite 25mal gereizt, und zwar in der Weise, daß nacheinander jeweils 1mal die Unterseite und 5mal die Oberseite gestrichen wird. Anschließend wird wieder die eintretende Krümmung registriert, die in diesem Falle nur sehr schwach ist; die Rankenspitze krümmt sich höchstens um etwa 90°. Ein Vergleich mit dem Versuch a) zeigt, daß, bei gleich starker Reizung der Unterseite, die gleichzeitige Oberseitenreizung die Entwicklung der Krümmungsreaktion sehr stark gehemmt hat.

Versuch 61

**Bewegungen der Ranken von *Bryonia dioica, Sicyos angulatus*
oder *Momordica charantia***
(Beispiele für Typ 4 nach ZELTNER)

Pflanzenmaterial: Freiland- oder Topfpflanzen von *Bryonia dioica* oder *Sicyos angulatus*, Gewächshauspflanzen von *Momordica charantia*, mit jungen Ranken.

Zeitbedarf: etwa 1 Std.

Ausführung und Ergebnis (Versuchsbedingungen wie bei Versuch 59)

a) Eine Ranke im geeigneten Entwicklungsstadium wird durch 5maliges Streichen der Unterseite gereizt. Bei günstigen Versuchsbedingungen beginnt sich die Ranke oft schon während der Reizung zu krümmen. Die Reaktion setzt sich dann sehr schnell fort, eine Einkrümmung der Spitze um 360° dauert nur 3—5 min. Schon ein einmaliges Streichen der Unterseite genügt zur Auslösung einer wenn auch schwachen Bewegung.

b) Streicht man die Oberseite einer Ranke 25mal, so setzt trotz dieser 5mal stärkeren Reizung die Reaktion später ein und geht langsamer vor sich. Die Ranke bewegt sich aber im Gegensatz zu den Ranken von *Passi-*

flora coerulea (Versuch 59) nach *unten*. Die Reaktion ist nach etwa 10—20 min beendet, die Spitze hat sich dabei nur um etwa 180° gekrümmt.

Versuch 62

Rückkrümmung einer Ranke nach einmaliger Reizung

Pflanzenmaterial: Freiland- oder Topfpflanzen von *Bryonia dioica* oder *Sicyos angulatus*, Gewächshauspflanzen von *Momordica charantia*, mit jungen Ranken.

Zeitbedarf: 1—2 Std.

Ausführung und Ergebnis (Versuchsbedingungen wie bei Versuch 59)

Eine geeignete Ranke wird zunächst durch 10maliges Streichen ihrer Unterseite stark gereizt und die Beendigung der Einkrümmung abgewartet. Nach 15—30 min setzt bereits die Rückbewegung ein; sie wird durch Nachzeichnen in Abständen von 10—15 min registriert. Durch diese, der Reizkrümmung in ihrer Richtung entgegengesetzte Reaktion streckt sich die Ranke im Laufe von 1—2 Std wieder gerade; dabei kommt es gelegentlich zu einer schwachen Überkrümmung, die dann ebenfalls wieder ausgeglichen wird.

D. Nastien

Versuch 63

Die Reizbewegungen von *Mimosa pudica*

Pflanzenmaterial: 20—40 cm hohe Topfpflanzen von *Mimosa pudica* mit mindestens 4—5 Blättern.

Zubehör: Mikroskop und Präparierzeug; Glasglocke; Stoppuhr; kleiner steifer Pinsel.

Zeitbedarf: etwa 1 Std.

Ausführung und Ergebnis

a) Beobachtung des Phänomens

Die Pflanzen werden in einem hellen, warmen Raum (25—30° C) mit hoher Luftfeuchtigkeit aufgestellt (Versuchsgewächshaus). Dies ist eine wesentliche Voraussetzung für das Gelingen; unter ungünstigeren Außenbedingungen laufen die Reaktionen beträchtlich langsamer und zum Teil nicht vollständig ab.

Eine Pflanze wird durch kurzes Schütteln gereizt; unmittelbar danach beginnt man mit der Beobachtung der ausgelösten Reaktion.

Der primäre Blattstiel ist durch ein basales Gelenk (Primärgelenk) mit dem Sproß verbunden. Auch an der Basis jedes der 4 sekundären Blattstiele befindet sich ein Gelenk (sekundäre Gelenke), und ebenso an der Ansatzstelle der Fiederblättchen (tertiäre Gelenke).

Nach der Reizung senkt sich der primäre Blattstiel; die 4 sekundären Blattstiele senken sich ebenfalls etwas und nähern sich gleichzeitig einander. Die Fiederblättchen dagegen klappen schräg nach oben zusammen. Unmittelbar nach Erreichung des maximalen Ausschlags setzt bereits eine Gegenreaktion ein, die das Blatt schließlich wieder in seine ursprüngliche Lage zurückführt. Diese Rückbewegung erfolgt sehr viel langsamer als die Reizreaktion. Auch bei günstigen Temperatur- und Feuchtigkeitsbedingungen wird die Ausgangsstellung erst nach etwa 30 min erreicht.

b) Asymmetrie der Reizempfindlichkeit des primären Blattgelenks

Bei lokaler Reizung läßt sich feststellen, daß beim primären Blattgelenk die Reizempfindlichkeit seiner oberen und unteren Flanke auffällig verschieden ist. Streicht man mit einem steifen Pinsel ganz leicht über die Unterseite des Organs, so reagiert es bereits mit einer drastischen Abwärtsbewegung. Eine gleich schwache Reizung der Oberseite bleibt ohne jede Wirkung. Hier führt erst ein kräftiger Stoß zu einer vergleichbaren Senkung des Stiels.

Diese bemerkenswerte Asymmetrie der Reizempfindlichkeit dürfte mit einer entsprechenden Asymmetrie der Verteilung von berührungsempfindlichen Fühlborsten über den Umfang des Gelenks zusammenhängen. Diese finden sich fast ausschließlich auf seiner Unterseite (mikroskopische Untersuchung von Quer- und Längsschnitten!).

c) Mechanismus der Bewegung

Die Bewegung der Gelenke beruht auf einem Turgormechanismus. Durch die Reizung wird in der konkav werdenden Flanke die Durchlässigkeit der Plasmagrenzschichten des Rindengewebes plötzlich sehr stark erhöht. Dadurch wird Zellsaft in die Zellwand und die Interzellularen ausgepreßt, die Zellen verlieren ihre Turgeszenz fast vollständig und verkleinern sich dabei erheblich, während sich das Rindengewebe der Gegenflanke ausdehnt.

Je nach der Ausbildung der Asymmetrie des Aufbaus der Gelenkart führt die Volumabnahme der Zellen in der betreffenden Flanke zu einer Bewegung in ihre Richtung: beim primären Gelenk nach unten, bei den Fiederblättchen schräg nach oben.

Das Phänomen der Zellsaftauspressung läßt sich durch folgenden Versuch zeigen: Der primäre Stiel eines Blattes wird am oberen Ende des primären Gelenks mit einer scharfen Rasierklinge quer abgeschnitten. Nach einer Wartezeit von etwa $^1/_2$ Std unter einer feuchten Glasglocke ist der Wundreiz in der Pflanze bereits hinreichend abgeklungen. Wird nun das „dekapitierte" Primärgelenk durch Bestreichen mit einem steifen Pinsel gereizt, so krümmt es sich wie im intakten Zustand nach unten. Gleichzeitig tritt aus der unteren Hälfte der Schnittfläche ein Flüssigkeitstropfen aus. Nur bei sehr starker Reizung beteiligt sich nach einiger Zeit auch die obere Gelenkhälfte an der Flüssigkeitsausscheidung.

Die Abgabe von Zellsaft im gereizten Gelenk wird häufig auch im intakten Organ sichtbar: Kurz nach der Reizung färbt sich die vorher hellgrüne untere Gelenkhälfte plötzlich dunkelgrün, ein Effekt, der auf der Verdrängung der Intercellularenluft durch die ausgeschiedene Flüssigkeit beruht. Noch deutlicher läßt sich diese Erscheinung an den Gelenken der Blattfiedern beobachten, wenn man sie bei der Reizung festhält und dadurch ihr Zusammenklappen verhindert.

d) Reizleitung

Mimosa pudica reagiert nicht nur auf Erschütterung, sondern in gleicher Weise auch auf andere Reize wie Berührung, Ansengen, Verwundung und elektrische Induktionsschläge. Diese Tatsache ermöglicht es, nicht nur wie bei der Erschütterung die ganze Pflanze, sondern auch einzelne Orte lokalisiert zu reizen und dann die Weiterleitung des Reizes zu beobachten. Dazu sengt man an einem Blatt, das etwa in der Mitte des Sprosses inseriert ist, eine der Blattfiedern am Ende eines der mittleren sekundären Blattstiele mit einer kleinen Flamme oder mittels eines Brennglases einen Augenblick lang an, ohne die Pflanze dabei zu berühren. Die obersten 2 oder 3 Blattfiederpaare klappen fast sofort nach oben zusammen. Wurde die Reizstärke richtig dosiert, so setzt sich die Reaktion mit einer Geschwindigkeit von 10—30 mm/sec in basaler Richtung fort (Messung mit der Stoppuhr!). Kurz nach dem Zusammenklappen des untersten Fiederpaares reagieren auch die Gelenke am Grunde der sekundären Blattstiele. Von hier aus wandert der Reiz nun in zwei Richtungen: Einerseits beginnen die Blättchen an den benachbarten sekundären Blattstielen von der Basis ausgehend in aufsteigender Reihenfolge zu reagieren, andererseits senkt sich nach einiger Zeit das ganze Blatt, sobald der Reiz das basale Gelenk erreicht hat.

Unter günstigen Außenbedingungen und bei nicht zu schwacher Reizung reagieren nach etwas längerer Zeit (30—60 sec) auch noch die Basalgelenke der Nachbarblätter über und unter dem gereizten Blatt und bewirken auch hier eine Senkung der Blattstiele.

Auf welchem Mechanismus die Reizleitung beruht, ist noch nicht völlig geklärt. An den gereizten Bezirken lassen sich elektrische Potentialänderungen, sogenannte „Aktionsströme" messen. Die gereizte Zone wird gegenüber ihrer Nachbarschaft elektronegativ. Diese Potentialdifferenz pflanzt sich als Welle mit etwa der gleichen Geschwindigkeit fort wie der an der Bewegungsreaktion erkennbare Reiz. Möglicherweise ist aber der Aktionsstrom nicht die primäre Ursache für die Reizübertragung, sondern nur eine Folgeerscheinung der ausgelösten zellphysiologischen Veränderungen. Andererseits ließ sich bei *Mimosa* bereits eine „Erregungssubstanz" isolieren, die in erstaunlichen Verdünnungen (1 zu 100 Millionen!) noch deutliche Reaktionen auszulösen vermag. Wahrscheinlich handelt es sich dabei um eine Oxysäure.

Literatur

BÜNNING, E.: Handbuch der Pflanzenphysiologie. Bd. XVII/1, S. 184—238. Berlin-Göttingen-Heidelberg: Springer 1959.
v. GUTTENBERG, H.: Handbuch der Pflanzenphysiologie. Bd. XVII/1, S. 168—183. Berlin-Göttingen-Heidelberg: Springer 1959.
PFEFFER, W.: Pflanzenphysiologie, 2. Aufl., Bd. 2. Leipzig: W. Engelmann 1904.

Versuch 64

Thigmonastische Bewegungen von Blütenorganen

Pflanzenmaterial: Blüten von *Berberis vulgaris, Sparmannia africana, Centaurea jacea* und *Mimulus luteus.*

Zubehör: Präparierzeug; Lupe; Glasröhrchen; große Petri-Schalen.

Ausführung

a) Staubblätter von Berberis vulgaris

(Zeitbedarf etwa 30 min)

Einige Blüten von *Berberis* werden abgeschnitten und mit dem Stiel in kleine, wassergefüllte Glasröhrchen gesteckt. Nun präpariert man vorsichtig die Blütenkrone ab und stellt die Blüten zur Erholung in eine feuchte Kammer; wenn die Filamente wieder völlig ausgespreizt sind, kann mit dem Versuch begonnen werden.

Man berührt mit einer Präpariernadel die Oberseite der Filamentbasis. Das Staubblatt krümmt sich sehr schnell nach innen gegen den Stempel. Die Reaktion läuft unter günstigen Bedingungen in Bruchteilen einer Sekunde ab. — Andere Filamente reizt man vorsichtig an der Unterseite oder am apikalen Ende der Oberseite, ohne das Organ dabei zu erschüttern oder zu verbiegen. In diesen Fällen kommt es zu keiner Reaktion. Am *Berberis*-Staubfaden ist also nur die Oberseite seiner Basalzone reizbar. Eine Reizleitung von einem Filament zu den anderen findet nicht statt.

b) Staubblätter von Sparmannia africana

(Zeitbedarf etwa 10 min)

Streicht man mit einer Präpariernadel über die Staubblätter (bzw. Staminodien) einer *Sparmannia*-Blüte, so krümmen sie sich im Verlauf von wenigen Sekunden vom Stempel weg nach außen. Durch vorsichtiges Abtasten der einzelnen Zonen des Filaments (die Organe dürfen dabei nicht verbogen werden!) kann man feststellen, daß nur die Basis seiner Außenseite reizbar ist. Innerhalb eines Staubfadenbüschels findet eine Leitung des Reizes von einem Filament zu den benachbarten statt.

c) *Filamente von Centaurea jacea*

(Zeitbedarf etwa 30 min)

Ein Blütenköpfchen von *Centaurea* wird längs halbiert. Dann präpariert man einige Einzelblüten frei und entfernt die Kronenröhre soweit, daß die Staubblätter mit ihren verwachsenen Antheren und den freien Filamenten sichtbar werden. Man steckt nun die Präparate in einer feuchten Kammer (große Petrischale) mit dem Stielende in nassen, feinen Sand und läßt sie sich etwa 10 min erholen. Nach dieser Zeit haben sich die freien Filamente bogenförmig nach außen gekrümmt. Berührt man sie jetzt auf ihrer Außenseite mit einer Präpariernadel, so verkürzen sie sich und strecken sich dabei annähernd gerade. Dadurch wird die Antherenröhre nach unten gezogen, und der in ihrem Innern stehende Kopf der Narbe preßt dabei den Pollen heraus.

d) *Die Narbe von Mimulus*

(Zeitbedarf etwa 10 min)

Die Narbe von *Mimulus* besteht aus zwei Lappen, die im ungereizten Zustand weit auseinander spreizen. Berührt man die Innenseite eines Narbenlappens mit einer Präpariernadel, so klappen die beiden Lappen innerhalb weniger Sekunden zusammen.

Ergebnis

Bei allen vier Effekten handelt es sich um typische Variationsbewegungen. Um sich davon zu überzeugen, untersuche man auch das Verhalten der gleichen Blütenteile nach der Reizreaktion. Sehr bald nach Erreichung des maximalen Ausschlags setzt eine Rückbewegung ein, welche die Filamente schon nach wenigen Minuten in ihre Ausgangsstellung zurückführt. Bei der *Mimulus*-Narbe erfordert die Rückkehr etwas längere Zeit, etwa 30 bis 45 min.

Die Bewegung der reizbaren Blütenorgane beruht, wie die Reaktion der Mimosenblätter, auf einem Turgormechanismus. Die Staubblätter und die Narben besitzen jedoch keine differenzierten Gelenke. Die Bewegung kommt hier durch den verschieden starken Turgorverlust der beiden Gegenflanken des ganzen Organs zustande. In allen beschriebenen Fällen führt die lokale Berührung zu einer plötzlichen starken Erhöhung der Durchlässigkeit der Plasma-Grenzschichten im gereizten Organ. Diese hat wie in den Blattgelenken eine Auspressung von Zellsaft im gereizten Gewebe zur Folge: Die Zellen verlieren ihre Turgeszenz und verkleinern sich dadurch erheblich. Da die Erregung von der gereizten Stelle nicht oder nur sehr schwach nach der ungereizten Gegenflanke weitergeleitet wird, bleibt der Effekt mehr oder weniger lokal begrenzt. Die dadurch entstehende Asymmetrie der Turgorverteilung muß demnach zu einer Krümmung des Organs nach seiner erschlaffenden Flanke hinführen. Da in den untersuchten Blü-

tenteilen die Reizempfindlichkeit auf bestimmte Zonen ihrer Peripherie beschränkt ist, kann die Berührung keine tropistische, sondern nur eine nastische Bewegung hervorrufen (bei *Berberis* nach innen, bei *Sparmannia* nach
außen).

Literatur

BÜNNING, E.: Handbuch der Pflanzenphysiologie. Bd. XVII/1, S. 184—238. Berlin-
Göttingen-Heidelberg: Springer 1959.

Versuch 65

Thigmonastische Bewegung des Fangblattes von *Dionae muscipula* (Venusfliegenfalle)

Pflanzenmaterial: Topfpflanzen von *Dionaea*.
Zubehör: Glaskasten; Präparierzeug; Fleischstückchen; Faden.
Zeitbedarf: 1—2 Std.

Ausführung und Ergebnis

Topfpflanzen von *Dionaea* werden an einem warmen Ort mit hoher
relativer Luftfeuchtigkeit (Gewächshaus, Glaskasten) aufgestellt; die Blätter
reagieren nur unter diesen optimalen Bedingungen normal. Mit einer Präpariernadel streicht man über die Innenseite eines der beiden Blattflügel.
Dabei werden die an der Innenseite sitzenden Fühlborsten durch Verbiegen
gereizt, und die beiden Flügel klappen in Bruchteilen einer Sekunde zusammen. War der Berührungsreiz nicht zu stark, so beginnt sich die Falle nach
20—30 min wieder zu öffnen; nach etwa 1—2 Std haben die beiden Hälften
wieder ihre ursprüngliche Lage erreicht, der Restitutionsvorgang ist beendet.

Auf die erste sehr schnell verlaufende thigmonastische Schließbewegung
folgt bei sehr starker Berührungsreizung oder bei chemischer Reizung noch
eine zweite langsame „Verengerungsbewegung". Diese läßt sich durch folgenden Versuch zeigen: Ein kleines Stückchen rohes Fleisch etwa in der
Größe einer Fliege wird durch eine Schlinge an einem dünnen Faden angebunden. Dann hängt man es an dem Faden so in die Falle, daß es die Fühlborsten berührt und die Fangbewegung auslöst; danach beobachtet man je
nach der Geschwindigkeit der Veränderungen in Abständen von $^1/_2$—2 Std
weiter. Die nach der Schließreaktion bauchig nach außen gewölbten Klap-
penflügel verengen sich im Verlauf von einigen Stunden und legen sich dabei eng zusammen und an das Fleischstückchen. Die Borsten am oberen
Rand der Blattflügel, die nach der Reaktion die Falle gitterartig nach oben
abschließen und fast senkrecht zur Blattfläche gerichtet sind, stellen sich
dann beinahe parallel zu dieser ein (siehe Abb. 39). Eine Öffnung erfolgt
erst nach weitgehender Verdauung des Fleisches (nach einigen Tagen).

Die sehr schnell verlaufende Schließbewegung beruht auf einem Turgormechanismus, der primär von einem Druckabfall in der Blattoberseite ein-

geleitet wird. Bei der „Verengerungsbewegung" spielen dagegen Wachstums-
prozesse eine entscheidende Rolle.

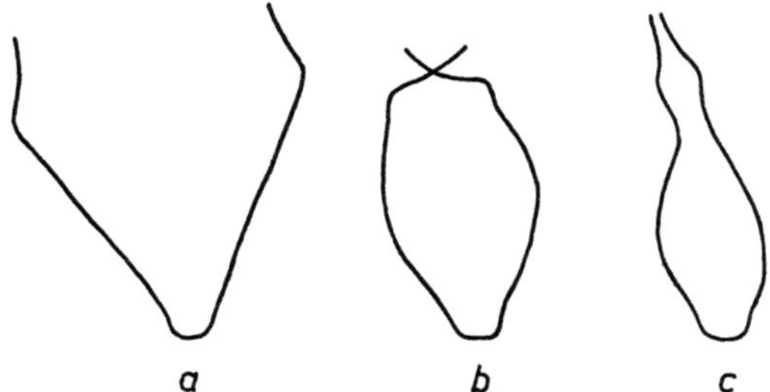

Abb. 39 a—c. Blatt von *Dionaea*, Querschnitt. a offen; b geschlossen; c verengert (nach ASHIDA)

Literatur

ALETSEE, L.: Handbuch der Pflanzenphysiologie. Bd. XVII/2, S. 451—483. Berlin-
  Göttingen-Heidelberg: Springer 1962.
ASHIDA, J.: Mem. Coll. Sci., Kyoto, Imp. Univ. B 9, 141—244 (1934).
BÜNNING, E.: Handbuch der Pflanzenphysiologie. Bd. XVII/1, S. 184—238. Berlin-
  Göttingen-Heidelberg: Springer 1959.
v. GUTTENBERG, H.: Flora 18/19, 165—183 (1925).

Versuch 66

Thermonastie von Tulpenblüten

Pflanzenmaterial: Eben aufgeblühte, ungefüllte Gartentulpen.

Zubehör: Erlenmeyerkolben; doppelwandiges Blechgefäß mit Thermometer; dünner Seidenfaden; Glasnadeln; Strohhalm; Skala.

Zeitbedarf: 2—3 Std.

Ausführung und Ergebnis

Der Stiel einer abgeschnittenen Tulpenblüte wird unter Wasser um etwa
2 cm gekürzt und mit Zellstoff in einem wassergefüllten Erlenmeyerkolben
(100 ml, Enghals) befestigt. Von der Blüte werden nun 2 Tepalen des äußeren und 2 des inneren Perigonkreises entfernt, und zwar in der Weise, daß
die beiden verbleibenden Blätter einander gegenüberstehen. An der Spitze
dieser zwei Blätter wird nun je ein Ende eines dünnen Seidenfadens, der
etwa die doppelte Länge eines Blütenblattes haben soll, mit quer einge-
stochenen Glasnadeln befestigt. In der Mitte dieses Fadens knüpft man
einen weiteren Faden an, der am Ende des kürzeren Armes eines Zeigers
(Strohhalm) befestigt wird. Der Zeiger wird an einem Faden als Lager so
aufgehängt, daß sich die Länge des kürzeren Hebelarmes zu der des längeren etwa wie 1 : 10 verhält. Zur Temperaturregelung dient ein doppelwandiger Blechzylinder (Höhe etwa 25 cm, Innen-$\varnothing$ etwa 10 cm), dessen Mantel mit warmem oder kaltem Wasser gefüllt werden kann. Der innere Zylinder nimmt die Versuchspflanze auf; er wird mit einem Deckel ver-

7*

schlossen. Durch ein Loch in dessen Mitte wird der Faden zum Zeiger geführt, in einem zweiten Loch am Rande steckt ein Thermometer (Versuchsanordnung siehe Abb. 40).

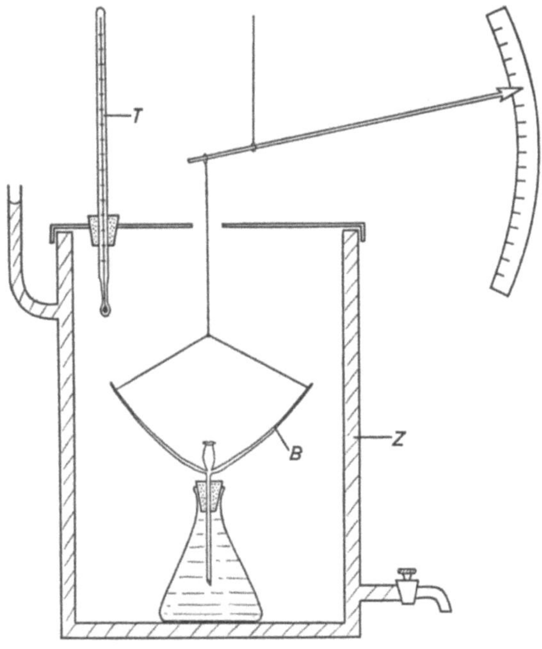

Abb. 40. Versuchsanordnung zu Versuch 66; *B* Blütenblatt; *Z* doppelwandiger Zylinder; *T* Thermometer

In den Mantel des Zylinders, der ein Zu- und ein Ablaßrohr besitzen muß, wird nun warmes Wasser gegossen, das die Innentemperatur der Kammer etwa 10° C über die Außentemperatur erhöhen soll (30—35° C). Die Blüte reagiert sehr schnell auf die Temperaturerhöhung. Ihre Tepalen spreizen auseinander und straffen dabei den sie verbindenden Faden: die Zeigerspitze hebt sich. Nach Beendigung der Reaktion wird das warme Wasser abgelassen und durch Eiswasser ersetzt; die Innentemperatur soll dabei etwa 10° C unter die Außentemperatur sinken (10—12° C).

Die Blüte schließt sich jetzt wieder, was an der Senkung der Zeigerspitze zu erkennen ist. Die Schließbewegung verläuft langsamer als die Öffnung. Die beiden Reaktionen können mehrmals wiederholt werden.

Die thermonastische Bewegung der Blüten beruht auf einem Wachstumsunterschied der Innen- und Außenseite der Perigonblätter. Das Temperaturoptimum des Wachstums liegt für die Innenseite höher als für die Außenseite; das Gewebe auf der Innenseite des Blattes wächst also bei einer entsprechenden Temperaturerhöhung stärker als das der Außenseite; dadurch kommt es zu einer Öffnungsbewegung. Bei Temperaturerniedrigung tritt der entgegengesetzte Vorgang ein: Jetzt wächst die Außenseite relativ stärker.

Literatur

Böhner, P.: Ber. dtsch. bot. Ges. **50**, 188—197; **52**, 336—347 (1934).
Crombie, W. Mary L.: Handbuch der Pflanzenphysiologie. Bd. XVII/2, S. 15—28. Berlin-Göttingen-Heidelberg: Springer 1962.

Versuch 67

Photonastische Öffnungs- und Schließbewegungen von Blüten

Pflanzenmaterial: Topfpflanzen von *Gazania rigens* mit Blüten.

Zubehör: Beleuchtungsaggregat mit Kühleinrichtung; Ventilator; grünes Sicherheitslicht (siehe Anhang S. 134).

Zeitbedarf: 2—3 Std.

Ausführung und Ergebnis

Topfpflanzen von *Gazania rigens* werden in einer Dunkelkammer unter einer möglichst hellen Lichtquelle (Glühlampen mit Wasserfilter oder Leuchtstoffröhren-Aggregat, Flächenhelligkeit etwa 10 000 Lux) aufgestellt. Um Temperaturunterschiede zwischen der Licht- und der Dunkelperiode zu vermeiden (Thermonastie!), dürfen die Pflanzen nicht zu dicht an der Lichtquelle stehen; außerdem empfiehlt es sich, durch einen schwachen Luftstrom (Ventilator) für eine hinreichende Luftumwälzung zu sorgen.

Wenn sich die Blütenköpfchen ganz geöffnet haben, wird das Licht ausgeschaltet; die erfolgende Dunkelreaktion wird nunmehr bei grünem Sicherheitslicht beobachtet. Je nach Pflanzensorte und Versuchsbedingungen schlagen die Blütenblätter der Randblüten innerhalb von 10—30 min soweit zusammen, daß sie sich am Gipfel mehr oder weniger berühren. Nun wird das Licht wieder eingeschaltet: Es erfolgt abermals eine Öffnungsbewegung, die meist etwas langsamer verläuft. Die Öffnung und Schließung kann durch Belichtung bzw. Verdunklung mehrmals nacheinander induziert werden.

Die photonastische Bewegung der Blütenblätter beruht ebenso wie deren thermonastische Reaktion auf einem Wachstumsunterschied zwischen der Dorsal- und der Ventralseite. Über die Faktoren, welche diese Asymmetrie des Wachstums hervorrufen, ist noch nichts sicheres bekannt; möglicherweise sind Aciditätsschwankungen im Blattgewebe daran beteiligt.

Literatur

Bünning, E.: Handbuch der Pflanzenphysiologie. Bd. XVII/1, S. 579—656. Berlin-Göttingen-Heidelberg: Springer 1959.
Pfeffer, W.: Pflanzenphysiologie. 2. Aufl., Bd. 2. Leipzig: W. Engelmann 1904.
Stoppel, R.: Z. f. Botanik **2**, 369—453 (1910).

Versuch 68

Reizbewegungen am Blatt von *Drosera*

Pflanzenmaterial: Topfpflanzen von *Drosera capensis*.

Zubehör: Lupe; Präparierzeug; kleine Stückchen von rohem Fleisch; Papierkügelchen.

Zeitbedarf: etwa 1 Tag.

Ausführung

Drosera-Topfpflanzen werden in einem warmen, feuchten Gewächshaus aufgestellt. Zu den Versuchen sollen junge, aber schon voll ausgebildete Blätter verwendet werden. Mit einer feinen Pinzette setzt man etwa in der Mitte eines Blattes ein stecknadelkopfgroßes Stückchen von rohem Fleisch vorsichtig auf die Tentakeln auf. Zum Vergleich werden andere Blätter in gleicher Weise mit kleinen Kügelchen aus Filterpapier oder Holundermark beschickt. Man beobachtet die Pflanzen mit der Lupe 1—2 Std lang in kurzen Zeitabständen (etwa alle 10 min), später nur noch alle 2—3 Std.

Ergebnis

In dem Blatteil, auf dem das Fleischstückchen liegt, krümmen sich die am Blattrand sitzenden, relativ langen Tentakeln („Randtentakeln") im Verlauf von 1—2 Std nach innen ein. Die kurzen, auf der Blattfläche inserierten Tentakeln („Scheibentakeln") krümmen sich nur in der unmittelbaren Nachbarschaft des Fleischstückchens auf dieses zu.

Außer den beiden Tentakelarten reagiert auch noch die Spreite des Blattes auf den Reiz: Innerhalb von 1—2 Tagen bildet sich an der Stelle, auf der das Fleischstückchen liegt, in der Längsachse des Blattes eine Falte, wobei die Unterseite der Spreite konvex wird.

Daß der Reiz, der die geschilderten Reaktionen hervorruft, vorwiegend chemischer Natur ist, zeigen die Kontrollversuche mit Papier- oder Holundermarkkügelchen. Bei dieser Art der Reizung krümmen sich höchstens einige Randtentakeln kurz nach dem Auflegen des Kügelchens auf dieses zu, sie strecken sich aber bald wieder gerade. Tentakeln und Blattfläche reagieren zwar auch auf thigmische Reize in derselben Weise wie auf chemische, jedoch sehr viel schwächer. Rand- und Scheibentakeln unterscheiden sich in ihrer Reaktionsweise: Während die Randtentakeln fast rein nastisch reagieren (sie krümmen sich nur nach innen ein), krümmen sich die Scheibentakeln tropistisch auf die Reizquelle hin.

Die Bewegung der Tentakeln kommt anfangs durch eine asymmetrische Änderung des Turgors zustande. Dieser Mechanismus wird aber sehr bald von Wachstumsvorgängen abgelöst. — Die Krümmung der Blattfläche wird durch verstärktes Wachstum der Unterseite hervorgerufen.

Literatur

ALETSEE, L.: Handbuch der Pflanzenphysiologie. Bd. XVII/2, S. 451—483. Berlin-Göttingen-Heidelberg: Springer 1962.
BÜNNING, E.: Handbuch der Pflanzenphysiologie. Bd. XVII/1, S. 254—277. Berlin-Göttingen-Heidelberg: Springer 1959.

Versuch 69

Epinastische Bewegungen von Blättern

Pflanzenmaterial: Junge Topfpflanzen von *Coleus blumei*.

Zubehör: Klinostat (Rotationsgeschwindigkeit $1/2$ bis 1 Umdrehung pro Minute).

Zeitbedarf: 1 Tag.

Ausführung und Ergebnis

Eine *Coleus*-Pflanze wird mit ihrem Topf durch eine geeignete Halterung auf einem horizontal gestellten Klinostaten montiert und mit einer Geschwindigkeit von $1/2$ bis 1 Umdrehung pro Minute um ihre Längsachse rotiert. Die Blätter krümmen sich innerhalb eines Tages zunehmend in basipetaler Richtung. Die Reaktion kann ein solches Ausmaß erreichen, daß die Spitzen der Blätter den Sproß unterhalb ihrer Ansatzstelle berühren.

Die Krümmung beruht auf einer Verstärkung des Längenwachstums der Oberseite des Blattstiels und der Blattspreite gegenüber dem der Unterseite. In den Blättern sind zwei einander entgegenwirkende Reaktionstendenzen vorhanden: Einerseits eine endonome Asymmetrie ihres Wachstums zugunsten ihrer morphologischen Oberseite (Epinastie), und andererseits ein negativer Geotropismus. Im normalen Schwerefeld stellt sich zwischen diesen beiden Faktoren ein Gleichgewicht ein und führt zu einer plagiotropen Orientierung der Blätter. Wird die einseitige Wirkung der Schwerkraft jedoch durch die Rotation am Klinostaten aufgehoben, so kann die Epinastie sich ungehindert auswirken.

Literatur

KALDEWEY, H.: Handbuch der Pflanzenphysiologie. Bd. XVII/2, S. 200—321. Berlin-Göttingen-Heidelberg: Springer 1962.
KRABBE, G.: Jb. wiss. Bot. 20, 211—260 (1889).
PFEFFER, W.: Pflanzenphysiologie. 2. Aufl., Bd. 2, S. 687 ff. Leipzig: W. Engelmann 1904.

Versuch 70

Induktion epinastischer Bewegungen bei Blütenstielen

Pflanzenmaterial: Pflanzen von *Cyclamen* mit Blütenknospen (besonders geeignet: *C. persicum*).

Zubehör: Klinostat (Rotationsgeschwindigkeit $1/2$ bis 1 Umdrehung pro Minute; Zylindergläschen (etwa 5 cm hoch, Durchmesser etwa 2 cm); Gummistopfen.

Zeitbedarf: 1 Tag.

Ausführung

Möglichst gerade gewachsene Stiele von Blütenknospen werden an ihrer Basis abgeschnitten und unter Wasser um etwa 1 cm gekürzt. Zur Erleichterung der Wasseraufnahme schneidet man die Enden etwa 1 cm tief kreuzweise ein und befestigt dann die Stiele mit Hilfe eines durchbohrten, in Hälften gespaltenen Gummistopfens in einem wassergefüllten Zylindergläschen. Der Stengel darf durch den Stopfen nicht zusammengedrückt werden, er muß aber wasserdicht im Röhrchen sitzen.

Einige Stiele werden nun mit ihren Gläschen an einem geeigneten Halter (siehe Abb. 11) parallel befestigt; der Halter wird auf der horizontalen Achse eines Klinostaten montiert und mit einer Geschwindigkeit von $1/2$ bis 1 Umdrehung pro Minute um die Längsachse der Stiele rotiert.

Ergebnis

Die im normalen Schwerefeld negativ geotropisch wachsenden Stiele der Blütenknospen beginnen sich auf dem Klinostaten nach 6—8 Std gegen ihre Ventralseite (zur Knospe hin) zu krümmen; innerhalb eines Tages kann der Krümmungswinkel bis zu 50° ansteigen.

Die Krümmung beruht auf einem verstärkten Wachstum der Dorsalseite. Die Ursachen dieser Reaktion entsprechen vermutlich denen des Verhaltens der *Coleus*-Blätter auf dem Klinostaten (vgl. Versuch 69).

Literatur

STOLLEY, I.: Jb. wiss. Bot. **67**, 52—104 (1927).

E. Autonome Bewegungen

I. Blattbewegungen

Die Laubblätter vieler Pflanzen wechseln im Lauf des Tages in regelmäßigem Rhythmus ihre Stellung; dabei kann die Bewegung entweder so verlaufen, daß abends eine Senkung und morgens eine Hebung stattfindet oder aber im umgekehrten Sinn. Besonders auffällig ist die Blattbewegung bei vielen Leguminosen (z. B. *Phaseolus, Robinia, Mimosa)* und bei *Oxalis*, um nur einige Beispiele zu nennen. Wegen der einfachen Anzucht und weil das Verhalten dieser Pflanze bereits gut bekannt ist, soll als Objekt für die folgenden Versuche *Phaseolus multiflorus* verwendet werden.

Literatur

Bünning, E.: Handbuch der Pflanzenphysiologie. Bd. II, S. 885—907 (1956) und
    Bd. XVII/1, S. 579—656. Berlin-Göttingen-Heidelberg: Springer 1959.
Bünning, E.: Die physiologische Uhr. 2. Aufl. Berlin-Göttingen-Heidelberg:
    Springer 1963.
Flügel, A.: Planta 37, 337—375 (1949).
Leinweber, F. J.: Z. Bot. 44, 337—365 (1956).
Lörcher, L.: Z. Bot. 46, 209—241 (1958).
Pfeffer, W.: Abh. der Math.-Phys. Klasse der Kgl. sächs. Ges. d. Wiss. Bd. XXX,
    S. 259—472 (1907).

Versuch 71

Die Registrierung der Blattbewegungen; der Bewegungsverlauf unter natürlichen Bedingungen

Pflanzenmaterial: *Phaseolus multiflorus* (Anzucht siehe Anhang S. 131).

Zubehör: Registriertrommel (von einem Thermo- oder Hygrographen) mit einer Umlaufzeit von 7 Tagen; weißes Glanzpapier; Klebstoff; Bunsenbrenner; Waschflasche mit Benzol; Trinkstrohhalm (20 cm lang); Bindfaden; Schere; Plastilin; Stativmaterial; Schellack-Lösung (1 Teil Schellack : 10 Teile Alkohol); Chromatogrammsprüher.

Zeitbedarf: Versuchsansatz: etwa 1 Std; Beobachtung: 5—7 Tage.

Ausführung

Das Prinzip der Methode besteht darin, daß die Blattbewegung durch ein geeignetes Hebelsystem auf einer berußten Trommel, die sich in etwa 7 Tagen einmal dreht, aufgezeichnet wird (Abb. 41).

1. Registriertrommel:

Die Trommel eines Thermo- oder Hygrographen (Umlaufzeit etwa 7 Tage) wird unten mit einem längeren Haltestab versehen, um sie in eine Stativklammer einspannen zu können. Dann überzieht man sie mit einem oberflächenglatten, festen, weißen Papier; dabei ist darauf zu achten, daß das Papier fest auf der Trommel aufliegt. Nun stellt man eine stark rußende Flamme her, indem zwischen Gashahn und einem geeigneten Schmetterlingsbrenner eine benzolgefüllte Waschflasche eingeschaltet wird (Vorsicht!).

2. Fixierung der Pflanze und Anbringen des Schreibhebels:

Das Blatt von *Phaseolus* besitzt 2 Gelenke, eines am Übergang der Spreite in den Blattstiel, das zweite am Grunde des Blattstiels; beide Gelenke bewegen sich tagesperiodisch und zwar in entgegengesetztem Sinn. Die Bewegung des Blattes ist also die Resultierende aus den Bewegungen der beiden Gelenke. Zur Untersuchung der unmittelbaren Hebung und Senkung der Spreite empfiehlt es sich, nur die Bewegung des oberen Gelenks zu registrieren.

Dazu fixiert man den Stiel des zu untersuchenden Blattes in der gleichen Weise wie bei den Versuchen 13 und 38.

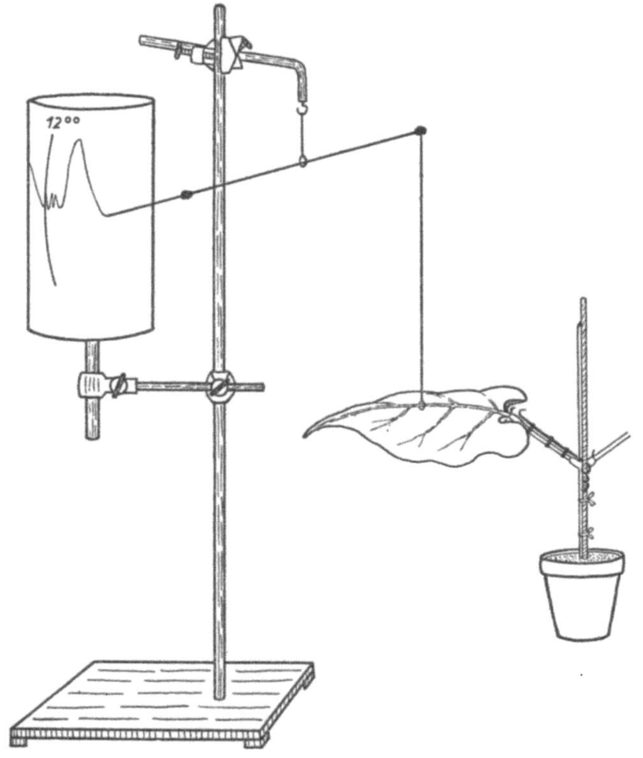

Abb. 41. Versuchsanordnung zur Registrierung der Blattbewegung von *Phaseolus*

Nun wird an der Blattspreite etwa in der Mitte zwischen Spitze und Gelenk an der Mittelrippe ein dünner, etwa 30 cm langer Seidenfaden angebunden; dieser wird mit dem Ende eines etwa 20 cm langen zweiarmigen Schreibhebels (Strohhalm mit Schreibspitze aus Pergamentpapier) verbunden, der in seiner Mitte mit einem kurzen Faden aufgehängt ist. Die Befestigung der Fäden erfolgt zweckmäßigerweise durch Plastilin, damit ihre Länge leicht variiert werden kann; der Schreibhebel muß so belastet sein (Plastilinkügelchen), daß der Faden zum Blatt unter einem leichten Zug steht. Registriertrommel und Schreibhebel werden an einem Stativ montiert und gegenseitig in der Höhe so eingestellt, daß bei der „Tagstellung" des Blattes der Hebel leicht nach unten zeigt (Abb. 41). Der Versuch wird im Gewächshaus aufgestellt; jeden Tag wird zu einer bestimmten Zeit (z. B. 12 Uhr) durch Bewegen des Schreibhebels eine Zeitmarke angebracht.

Ergebnis

Nach Beendigung des Versuches wird das berußte Papier abgenommen und zur Fixierung mit einer Schellacklösung (1 Teil Schellack : 10 Teile Alkohol) besprüht (Chromatogrammsprüher) oder in der gleichen Lösung gebadet. Eine typische Blattbewegungskurve zeigt Abb. 42. Infolge der

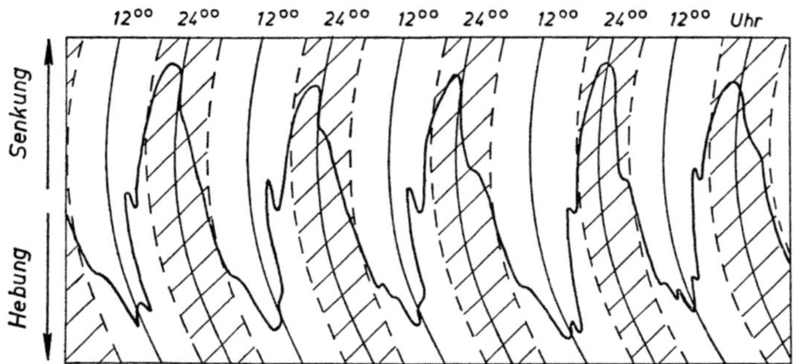

Abb. 42. Bewegungskurve eines Primärblattes von *Phaseolus multiflorus* im natürlichen Licht-Dunkel-Wechsel. Kurvensenkung = Blatthebung; Kurvenhebung = Blattsenkung. Dunkelperioden schraffiert

Hebelübertragung entspricht eine Senkung der Kurve einer Blatthebung, ein Ansteigen einer Blattsenkung. Zeichnet man in die Kurve Licht- und Dunkel-zeiten ein, so sieht man, daß die Pflanze schon vor Lichtbeginn mit der Blatt-hebung beginnt und die Bewegung relativ kontinuierlich fortsetzt, bis die sogenannte „Tagstellung" erreicht ist. Diese wird nun einige Stunden lang unter mehr oder weniger starken Oszillationen beibehalten, sie geht aber meist schon vor dem Einsetzen der Dunkelheit wieder in die Senkungs-bewegung über, die wiederum kontinuierlich bis zum Erreichen der „Nacht-stellung" anhält.

Wegen der starken Schwankungen während der „Tagstellung" läßt sich die Lage des Hebungsmaximums zeitlich nicht genau festlegen; weit besser definiert ist die Tiefstellung während der Nacht, da das Blatt in die-ser Zeit meist keine Oszillationen ausführt. Für die Messung der Zyklen-länge, also der Zeit, die das Blatt zum Durchlaufen einer ganzen Hebungs- und Senkungsbewegung braucht, eignet sich deshalb am besten der Abstand von einem Senkungsmaximum zum anderen. Diese Zeit beträgt unter den gewählten Bedingungen 24 Std mit einer Schwankungsbreite von etwa ± 1 Std. Stärkere Abweichungen zeigt die Amplitude der Schwingungen, und zwar kann sie sich nicht nur von Pflanze zu Pflanze, sondern auch an der gleichen Pflanze von Tag zu Tag ändern. Auch die Form der Bewe-gungskurve ist individuell sehr verschieden.

Die Tatsache, daß die Hebung und Senkung des Blattes bereits vor dem Lichtbeginn bzw. am Ende der Lichtperiode einsetzt, gibt einen Hinweis darauf, daß es sich bei der Blattbewegung von Phaseolus nicht um eine

Photonastie handelt, sondern daß dafür ein in der Pflanze selbst vorhandener, „endogener" Mechanismus verantwortlich sein muß.

Versuch 72

Rhythmische Blattbewegungen unter konstanten Lichtbedingungen

Pflanzenmaterial, Zubehör und Zeitbedarf: Wie beim Versuch 71; Belichtungsraum mit möglichst konstanter Temperatur; grüne Dunkelkammerlampe (z. B. Osram Nr. 4543, 15 W).

Ausführung

*Phaseolus*pflanzen werden, wie im Versuch 71 beschrieben, zur Registrierung der Blattbewegung angesetzt und in einem Belichtungsraum aufgestellt. Der Raum sollte eine möglichst konstante Temperatur von 18° bis 22° C haben. Zur Belichtung eignet sich ein Aggregat aus Leuchtstoffröhren (Warmtonlampen, z. B. Osram „Lichtfarbe 25" oder Philips „Lichtfarbe 29"), die mit einer Schaltuhr automatisch ein- und ausgeschaltet werden können. Die Pflanzen erhalten zunächst 2 ganze Licht-Dunkel-Cyclen (12 Std Licht : 12 Std Dunkel); die Belichtung soll dabei etwa zur gleichen Zeit beginnen wie während der Anzucht. Vom 3. Cyclus an bleiben die Pflanzen weitere 3—4 Tage im Dauerdunkel oder im Dauerlicht. Um sie während der Dauerdunkelheit kontrollieren und gießen zu können, läßt man im Raum ständig eine gelbgrüne oder grüne Dunkelkammerlampe (z. B. Osram Nr. 4543, 15 W) brennen, deren Strahlung die Pflanzen nicht beeinflußt.

Ergebnis

a) Dauerdunkel

In Abb. 43 ist eine typische Blattbewegungskurve von einer Pflanze im Dauerdunkel dargestellt. Die Bewegung setzt sich nach vorangegangenem Licht-Dunkel-Wechsel auch in konstanter Dunkelheit fort; im günstigsten Fall können diese sogenannten „Nachschwingungen" bis zu 8 Tagen anhalten, ohne daß sich die Form der Kurve wesentlich ändert. Meist wird aber nach 3—4 Cyclen die Amplitude kleiner („gedämpfte Schwingung"), und es treten Unregelmäßigkeiten im Bewegungsverlauf auf. Die Cyclenlänge (Abstand zweier Senkungsmaxima), die bei einem 24stündigen Licht-Dunkel-Wechsel immer 24 Std beträgt, wird im Dauerdunkel länger (etwa 25 bis 27 Std).

b) Dauerlicht

Auch im Dauerlicht gehen die Blattbewegungen einige Tage weiter; enthält das verwendete Licht viel Dunkelrot (Glühlampenlicht), dann wird die Kurve schon nach 1—2 Tagen unregelmäßig: die Schwingungen des

Blattes gehen in kurzperiodische Oszillationen über; schließlich setzt eine „Lichtstarre" ein. Ist dagegen im verwendeten Licht der Hellrotanteil größer (Leuchtstoffröhren), dann verläuft die Bewegung annähernd so regelmäßig wie im Dauerdunkel; die Cyclenlänge nimmt dabei ebenfalls um 2—3 Std zu.

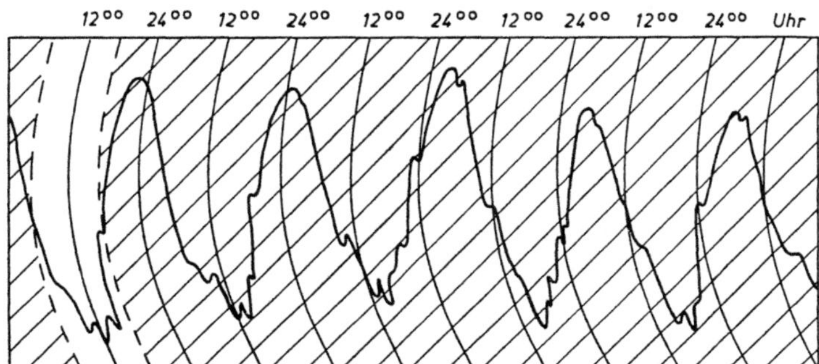

Abb. 43. Bewegungskurve eines Primärblattes von *Phaseolus multiflorus* in Dauerdunkelheit. Dunkelperiode schraffiert

Die Ergebnisse liefern einen weiteren Beweis dafür, daß die Tagesperiodik der Blattbewegungen nicht eine direkte Folge des täglichen Licht-Dunkel-Wechsels ist; die Tatsache, daß sie sich auch ohne Wechsel der Außenbedingungen fortsetzt, zeigt, daß der Anstoß zur Hebung oder Senkung aus der Pflanze selbst („endogen") kommt. Offenbar scheint aber das Licht doch einen regulierenden Einfluß auszuüben, da sich im Dauerlicht ebenso wie im Dauerdunkel die Cyclenlänge ändert.

Versuch 73

Einfluß des Licht-Dunkel-Rhythmus auf die Periodik der Blattbewegungen

Pflanzenmaterial, Zubehör und Zeitbedarf: wie beim Versuch 71 und 72.

Prinzip der Methode

Wie ein Vergleich der Blattbewegungskurven von Pflanzen im natürlichen Licht-Dunkel-Wechsel (Versuch 71) und von solchen im Dauerdunkel (Versuch 72) gezeigt hat, scheint das Licht einen regulierenden Einfluß auf die Cyclenlänge der an sich endogenen Periodik zu haben. Um zu untersuchen, wie weit diese regulierende Wirkung geht, werden die Pflanzen in Licht-Dunkel-Cyclen gehalten, deren Periodenlänge von 24 Std abweicht, und dabei geprüft, ob und in welchem Ausmaß die Blattbewegung diesem aufgezwungenen, künstlichen Rhythmus folgt.

Ausführung

Die zur Registrierung vorbereiteten Pflanzen werden im Belichtungsraum aufgestellt (siehe Versuch 71 und 72) und zunächst einem 12 : *12*stündigen Cyclus ausgesetzt (bei der Angabe der Stunden für den Licht-Dunkel-Wechsel ist die Dunkelzeit durch kursive Zahlen angegeben). Vom Beginn der 2. künstlichen Belichtungszeit an wird dann ein 10 : 20-, 10 : 10- oder 6 : 6stündiger Licht-Dunkel-Wechsel geboten und 4—5 Tage lang fortgesetzt.

Ergebnis

Typische Blattbewegungskurven von Pflanzen bei diesen Belichtungsprogrammen sind in den Abb. 44 a, b und c wiedergegeben. Im 10 : 20- und 10 : 10stündigen Licht-Dunkel-Wechsel folgt die Bewegung weitgehend den Außenbedingungen; der Verlauf der Hebung und Senkung ist zwar in den meisten Fällen etwas gestört, die Senkungsmaxima liegen aber im Durchschnitt 30 bzw. 20 Std auseinander. Daß die Pflanzen aber dennoch die Beibehaltung der endogenen Cyclenlänge von 25—27 Std „anstreben", zeigen die folgenden Merkmale der Kurven: Im 10 : 20stündigen Licht-Dunkel-Rhythmus wird das Hebungsmaximum noch während der Dunkelperiode erreicht und die Senkung fällt ganz in die Lichtzeit; im 10 : 10stündigen Licht-Dunkel-Wechsel dagegen beginnt die Blatthebung kurz vor dem Einsetzen des Lichts, und die Senkung erfolg im Dunkeln. Im ersten Fall eilt also die Bewegung dem Licht-Dunkel-Wechsel voraus, im zweiten hinkt sie nach.

Daß der Bereich der Regulierung durch das Licht eine gewisse Grenze hat, zeigen die Pflanzen im 6 : 6stündigen Cyclus; hier folgt die Bewegung dem Licht-Dunkel-Wechsel überhaupt nicht mehr, sondern die Blätter schwingen, wenn auch z. T. etwas unregelmäßig und nicht in jedem Fall deutlich, im alten 24stündigen Rhythmus weiter.

Versuch 74

Cyclenlänge der Blattbewegungen im Dauerdunkel nach vorangegangenem 10 : 20stündigem Licht-Dunkel-Wechsel

Pflanzenmaterial, Zubehör und Zeitbedarf: wie beim Versuch 71 und 72.

Ausführung

Die Pflanzen werden mit der Registriereinrichtung im Belichtungsraum aufgestellt (siehe Versuch 71 und 72) und erhalten vom Beginn der künstlichen Belichtung an einen 10 : 20stündigen Licht-Dunkel-Wechsel. Diese Behandlung wird so lange fortgesetzt (meist 2—3 Cyclen), bis die Blattbewegung dem Lichtrhythmus deutlich folgt, d. h. bis der Abstand der Senkungsmaxima etwa 30 Std beträgt. Anschließend bleiben die Pflanzen 3 bis 4 Tage lang im Dauerdunkel.

Ergebnis

Während der 3- bis 4tägigen Dunkelzeit verkürzt sich die Länge eines Bewegungscyclus wieder auf 25—27 Std. Dieses Ergebnis zeigt, daß die „Nachschwingungen" im Dauerdunkel nicht auf einer „Erinnerung" der

Pflanzen an den vorherigen Licht-Dunkel-Rhythmus beruht; in diesem Fall müßte nämlich die induzierte Cyclenlänge von 30 Std beibehalten werden.

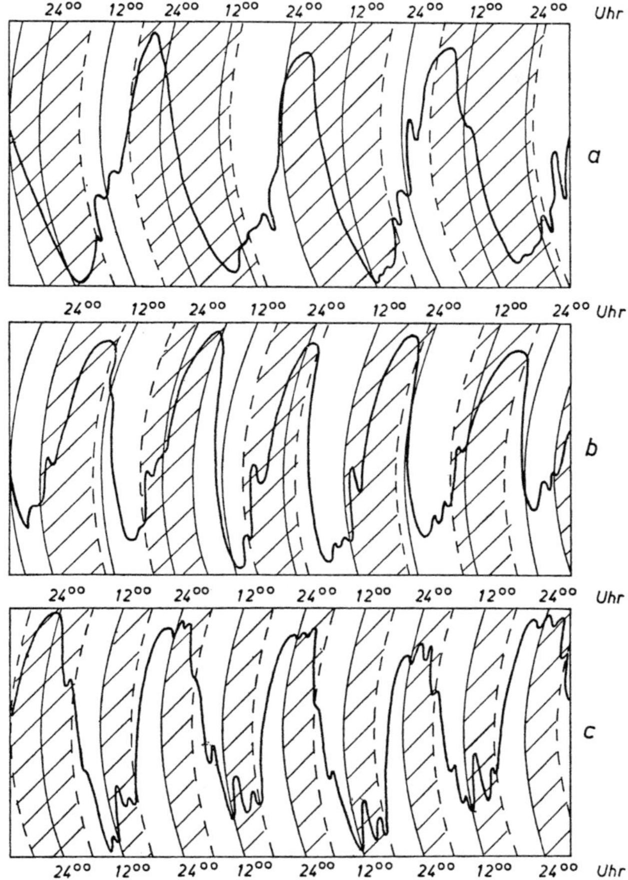

Abb. 44 a—c. Bewegungskurven von *Phaseolus multiflorus*-Primärblättern in folgenden Licht-Dunkel-Wechseln (jeweils Dunkelheit kursiv): a 10:20 h; b 10:10 h; c 6:6 h. Dunkelperiode schraffiert

Die Blätter schwingen vielmehr in dem Rhythmus, der endogen angestrebt wird und der nach Wegfall der regulierenden Lichtbedingungen nun wieder sichtbar wird.

II. Blütenbewegungen

Viel weiter verbreitet als bei Laubblättern sind periodische Bewegungen bei den Hüllblättern der Blüten. Bei den meisten Pflanzenarten scheint es sich aber um rein exogene, z. B. photo- oder thermonastische Reaktionen zu handeln (siehe Versuch 66 und 67); nur bei wenigen konnte bisher eindeutig nachgewiesen werden, daß eine endogene Komponente an der Bewegung entscheidend beteiligt ist. Ähnlich wie bei den Laubblättern kommen auch bei den Blüten verschiedene Rhythmen der Bewegung vor: So öffnen sich etwa die Blüten von *Kalanchoë* und *Calendula* am Morgen und schließen sich am Abend, während die *Oenothera* ihre Blüten stets am Abend öffnet.

Literatur

Bünsow, R.: Planta **42**, 220—252 (1952).
Stoppel, R.: Z. Bot. **2**, 369—453 (1910).
(vgl. auch S. 105).

Versuch 75

Öffnungs- und Schließbewegungen der Blüten von
Kalanchoë bloßfeldiana und *Calendula arvensis*

(Anmerkung: Die Blütenköpfchen der Compositen werden der Einfachheit halber im folgenden als Blüten, die Zunge einer Strahlenblüte als Blütenblatt bezeichnet.)

Pflanzenmaterial: Topfpflanzen von *Calendula arvensis* (möglichst Wildform) und von *Kalanchoë bloßfeldiana* (2—6 Monate alte Pflanzen, die Blütenbildung wird durch 3wöchige Behandlung mit 8stündigem Kurztag ausgelöst).

Zubehör: Strohhalmstreifen oder dünner Kupferdraht; neutraler Klebstoff (z. B. 15⁰/₀ige Gelatine); Maßstab; Winkelmesser; grüne Dunkelkammerlampe (siehe Versuch 72).

Zeitbedarf: Versuchsansatz: etwa 30 min; Beobachtung: 3—7 Tage.

Ausführung

a) *Kalanchoë:* Die 4 Kronblätter einer *Kalanchoë*-Blüte sind in ihrem basalen Teil zu einer Röhre verwachsen; nur die etwa 4 mm langen freien Kronblattzipfel führen die Öffnungs- und Schließbewegungen aus. Um diese besser verfolgen zu können, werden an 2 gegenüberstehenden Kronblättern 30 mm lange, aus einem Strohhalm längs herausgeschnittene schmale Streifen mit einem neutralen Klebstoff (geschmolzene Gelatine) so befestigt, daß sie als Verlängerung der Blattzipfel dienen (siehe Abb. 45). Bei völliger Öffnung der Blüte stehen die Kronblattzipfel etwa rechtwinkelig zur Blütenachse; die an ihnen befestigten Streifen sollen in diesem Zustand miteinander einen Winkel von etwa 180° bilden. Wenn die Blüte maximal geschlossen ist, stehen die Kronblattzipfel parallel zueinander. Als Maß für den Öffnungsgrad der Blüten wird der Winkel zwischen den Zeigern ermittelt; er erhält ein negatives Vorzeichen, wenn die Kronblätter konvergieren.

b) *Calendula:* An 2 einander möglichst genau gegenüberstehenden Blütenblättern werden als Meßzeiger Strohhalmstreifen angeklebt und der

Winkel zwischen ihnen mit einem Winkelmesser ermittelt; er kann bei stärkster Öffnung bis zu 160° betragen und nimmt bei geschlossener Blüte negative Werte an, weil die Blütenblätter dann meist konvergieren.

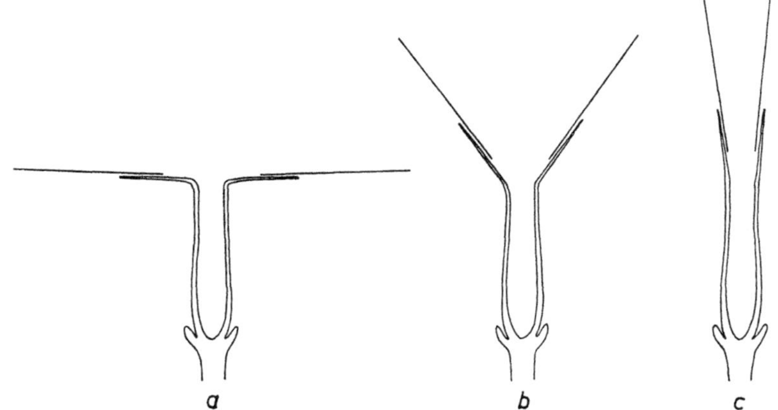

Abb. 45 a—c. Verschiedene Stellungen der Kronblattzipfel bei *Kalanchoë bloßfeldiana*. a Blüte geöffnet; b halb geschlossen; c ganz geschlossen

Die Pflanzen werden im Gewächshaus oder in einem Belichtungsraum (siehe Versuch 72) aufgestellt und die Öffnungswerte der Blüten am Tage alle 2 Std, in der Nacht je nach den gegebenen Möglichkeiten abgelesen. Während der Dunkelzeiten wird zur Ablesung Grünlicht möglichst geringer Intensität verwendet.

Mit *Kalanchoë* und *Calendula* können die gleichen Versuche auch bei verschiedenen Licht-Dunkel-Cyclen durchgeführt werden (siehe *Phaseolus*-Versuche 72—74).

Ergebnis

Die Blüten beider Arten beginnen sich im 12 : *12*stündigen Licht-Dunkel-Wechsel schon vor dem Einsetzen der Belichtung zu öffnen und erreichen die maximale Öffnungsweite etwa in der Mitte der Lichtzeit.

Die Schließbewegung setzt bald danach ein und ist meist schon vor Beginn der Dunkelperiode abgeschlossen.

Im Dauerdunkel setzt sich die rhythmische Bewegung mehrere Tage lang fort, allerdings nur bei jungen, erst kurz vor Versuchsbeginn aufgegangenen Blüten; dabei wird eine Cyclenlänge von etwa 24 Std eingehalten, die Amplitude dagegen nimmt mehr oder weniger schnell ab. Werden die Pflanzen im Dauerlicht gehalten, so treten meist keine oder nur undeutliche Nachschwingungen auf; ständige Belichtung führt also rasch zu einer Lichtstarre der Blüten.

In gleicher Weise wie die Laubblätter von *Phaseolus* folgen die Blüten auch einem 10 : *20*- und 10 : *10*stündigen Licht-Dunkel-Wechsel; sie kehren aber im Gegensatz zu *Phaseolus* nicht schon bei 6 : 6stündigem, sondern erst bei 4 : 4stündigem Licht-Dunkel-Wechsel zu einer Bewegung mit der Cyclenlänge von 24 Std zurück. Nach einem aufgezwungenen Bewegungsrhythmus von 30 Std Länge (bei 10 : 20stündigem Licht-Dunkel-Wechsel) öffnen und schließen sich die Blüten in daran anschließender Dauerdunkelheit wieder mit einer Cyclenlänge von etwa 24 Std.

Versuch 76

Beobachtung der Schließzeiten einiger Blüten im Freiland

Pflanzenmaterial: Siehe folgende Liste.

Zeitbedarf: mehrere Wochen.

Ausführung und Ergebnis

Bei der Bewegung von Blüten oder Bütenköpfchen, die sich morgens öffnen und abends schließen, wirken in den meisten Fällen 2 Faktoren zusammen; eine photo- oder thermonastische und eine endogene Komponente. Daß die letztere in einigen Fällen stärker beteiligt ist, läßt sich aus der Tatsache ableiten, daß sich manche Blüten und Blütenköpfchen zu Zeiten schließen, wo kein Wechsel der Außenfaktoren, z. B. des Lichts, stattfindet, also schon im Laufe der Tagesstunden. Man beobachtet dazu die in der Liste angeführten Arten und registriert die Schließzeiten ihrer Blüten, die je nach Licht und Temperaturbedingungen von Tag zu Tag sehr stark variieren können.

Schließzeiten einiger Blüten

am späten Vormittag	um die Mittagszeit	am frühen Nachmittag
einige *Tragopogon*-Arten	*Sonchus arvensis*	*Anagallis arvensis*
	Sonchus oleraceus	*Hieracium pilosella*
	Hieracium amplexicaule	*Cichorium intybus*
		Taraxacum officinale

III. Circumnutationen

Versuch 77

Circumnutation der Sproßspitze

Pflanzenmaterial: Etwa 3 Wochen alte Pflanzen von *Phaseolus multiflorus* mit einem 10—15 cm langen 1. Internodium; das erste Folgeblatt darf noch kaum entwickelt sein.

Zubehör: Glasplatte (20 × 20 cm); Stative und Stativklammern; Tusche und Pinsel.

Zeitbedarf: etwa 4 Std.

Ausführung und Ergebnis

Eine junge *Phaseolus*-Pflanze wird unter den Primärblättern an einen Stab angebunden und so aufgestellt, daß sie möglichst allseitiges Licht erhält. Etwa 1 cm über der Sproßspitze bringt man eine Glasplatte (20 × 20 cm) in horizontaler Lage an. In Abständen von 10 min wird die Stellung der Sproßspitze mit Tusche auf der Glasplatte markiert.

Die Sproßspitze von *Phaseolus* führt kreisende Bewegungen gegen den Sinn des Uhrzeigers aus („linkswindende" Pflanze). Je nach den Außenbedingungen (Temperatur, Belichtung, Luftfeuchtigkeit) wird ein ganzer Kreis in $^1/_2$—2 Std durchlaufen. Die Bewegung kommt durch verschieden starkes Längenwachstum der Sproßflanken zustande, wobei die Zone stärksten Wachstums um den Sproß herumwandert.

F. Plasma- und Chloroplastenbewegungen

I. Plasmabewegungen

Versuch 78

Beobachtung einer zirkulierenden Plasmaströmung

Pflanzenmaterial: Blüten von *Tradescantia virginiana* oder *Zebrina pendula*, junge Kürbis-Pflanzen.

Zubehör: Mikroskop (Vergrößerung etwa 500×); Objektträger; Deckgläser; Präparierzeug; Stoppuhr.

Zeitbedarf: etwa 1 Std.

Ausführung und Ergebnis

Aus jungen Blüten von *Tradescantia virginiana* oder *Zebrina pendula* werden die an den Staubfäden sitzenden Haare mit der Pinzette abgerissen, auf einem Objektträger in Wasser gebracht und mit einem Deckglas zugedeckt; die dabei an den Haaren haftenden Luftblasen können durch leichtes Streichen mit einem Pinsel entfernt werden. Stehen keine Blüten zur Verfügung, so schneidet man mit der Rasierklinge die Haare von ganz jungen Kürbissprossen ab und fertigt von ihnen ein Wasserpräparat an. Die Staubfadenhaare von *Tradescantia* oder *Zebrina* bestehen aus einer einzigen Reihe von tonnenförmigen Zellen. Das Cytoplasma bildet einen dünnen Wandbelag und durchzieht in verschieden dicken Fäden auch die Vacuole. An den Plasmasträngen ist im Innern der Vacuole der Zellkern „aufgehängt".

Vor allem in den zum Kern führenden Plasmafäden, in geringerem Maße auch im wandständigen Protoplasma, findet eine lebhafte Plasmaströmung statt, die vor allem an der Bewegung der mitgeführten Partikel

8*

zu erkennen ist. Meist läuft die Strömung in einem Strang nur in einer Richtung, seltener kommen 2 Strömungsrichtungen im selben Strang vor. Mit Hilfe eines Okularmikrometers und einer Stoppuhr läßt sich die Strömungsgeschwindigkeit in einzelnen Plasmafäden bestimmen. Sie beträgt unter günstigen Bedingungen bei Zimmertemperatur etwa 2—5 μ/sec.

Versuch 79

Beobachtung einer rotierenden Plasmaströmung

Pflanzenmaterial: Blätter von *Vallisneria spiralis*; beblätterte Sprosse von *Elodea canadensis*.

Zubehör: Mikroskop (Vergr. etwa 500 ×); Objektträger; Deckgläser; Präparierzeug.

Zeitbedarf: etwa 1 Std.

Ausführung und Ergebnis

Ein Blättchen von *Elodea* wird vom Sproß abgeschnitten, auf einem Objektträger in Wasser gelegt und mit einem Deckglas zugedeckt. Die Plasmaströmung ist in allen Blattzellen, vor allem aber in den langgestreckten Zellen der Mittelrippe zu erkennen.

Vom basalen Teil der *Vallisneria*-Blätter werden Flächenschnitte hergestellt, die etwa die halbe Blattdicke umfassen sollen; man legt die Schnitte mit der Epidermis nach unten auf einen Objektträger und bedeckt sie mit einem Deckglas. Die Bewegung ist am besten in den weitlumigen, gestreckten Zellen des Mesophylls zu erkennen.

Bei beiden Pflanzen kommt die Plasmaströmung erst nach einigen Minuten in Gang. Diese Tatsache ist darauf zurückzuführen, daß das Plasma, das sich in der unversehrten Pflanze nicht oder nur sehr langsam bewegt, erst durch Stoffe, die bei der Verletzung (Schneiden oder Abreißen) entstehen, zur Rotation veranlaßt wird. Im Gegensatz zu den im Versuch 78 beobachteten Objekten, besitzen die Zellen von *Elodea* und *Vallisneria* nur einen wandständigen Plasmabelag. Dieser rotiert im oder gegen den Uhrzeigersinn und nimmt dabei die Chloroplasten und den Zellkern mit.

II. Chloroplastenbewegungen

Versuch 80

Chloroplastenbewegungen bei *Funaria hygrometrica*

Pflanzenmaterial: *Funaria hygrometrica*.

Zubehör: Petrischalen; Agar; Leuchtstoffröhre (Osram, Lichtfarbe 15 oder Philips „TL", Lichtfarbe 55); Glühlampe mit Innenverspiegelung (z.

B. Philips „Attralux"); Glaswanne; CuSO$_4$; Ventilator; Mikroskop; Präparierzeug.

Zeitbedarf: 4—5 Std.

Ausführung und Ergebnis

a) Einige Petrischalen werden mit Agar (1,5%ig ohne jeden Zusatz) ausgegossen; nach dem Erkalten legt man in jede Schale etwa 10 voll ausgewachsene, nicht zu alte Blättchen von *Funaria* und gibt soviel Wasser zu, daß die Agaroberfläche mit einer dünnen Schicht bedeckt ist, die Moosblättchen aber nicht schwimmen. Die Schalen werden dann im Dunkeln aufgestellt.

Nach etwa 2 Std entnimmt man eine Schale und bestimmt unter dem Mikroskop die Lage der Chloroplasten in den Zellen. Da die Blättchen von *Funaria* mit Ausnahme der Mittelrippe einschichtig sind, kann die Untersuchung ohne weitere Präparation vorgenommen werden. Die mikroskopische Kontrolle darf aber nicht zu lange ausgedehnt werden, weil durch das Beobachtungslicht Chloroplastenverlagerungen induziert werden.

Nach 2stündiger Dunkelheit liegen die Chloroplasten fast ausschließlich an den Zellwänden, an die eine Nachbarzelle angrenzt (siehe Abb. 46 a). In den Zellen am Rand des Blättchens ist deshalb die Außenwand meist frei von Chloroplasten.

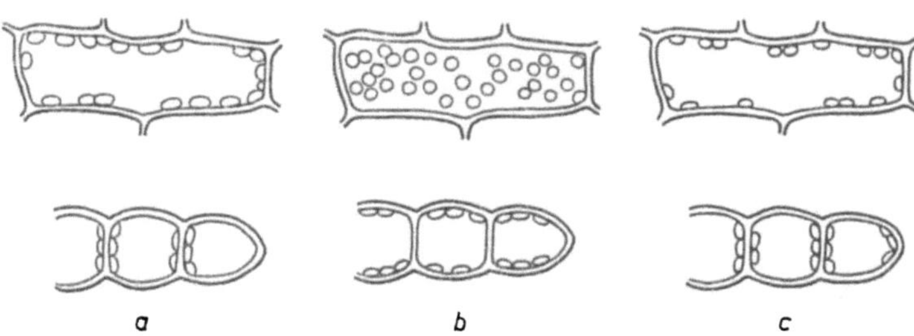

Abb. 46 a—c. Anordnung der Chloroplasten in den Blattzellen von *Funaria*. Obere Reihe: Aufsicht; untere Reihe: Querschnitt durch den Blattrand. a Dunkelstellung; b Schwachlichtstellung; c Starklichtstellung

b) Die gleichen Petrischalen werden nun ohne Deckel mit etwa 1000 Lux senkrecht von oben beleuchtet (Leuchtstoffröhre, z. B. Osram, Lichtfarbe 15 oder Philips „TL"). Nach etwa 1 Std wird die Lage der Chloroplasten wieder unter dem Mikroskop untersucht. Im Gegensatz zu der „Dunkellage" sind bei dem verwendeten verhältnismäßig schwachen Licht gerade die Seitenwände nicht besetzt, die Chloroplasten liegen jetzt an der oberen und unteren Wand („Schwachlichtlage"). Durch Veränderung der optischen Einstellung läßt sich feststellen, daß die dem Licht zugewandte Oberseite meist etwas reichlicher mit Chloroplasten besetzt ist als die Unterseite (siehe

Abb. 46 b). — Schließlich ist noch die Wirkung einer beträchtlich höheren Lichtstärke zu untersuchen.

c) Zur Erzeugung der benötigten Lichtintensität von 20 000—40 000 Lux verwendet man eine Glühlampe mit relativ hohem Violettanteil und mit Innenverspiegelung (z. B. Philips „Attralux"). Die Lampe wird über einer Glaswanne, die mit $CuSO_4$-Lösung gefüllt ist, aufgehängt; unter der Glaswanne stellt man Schalen mit Moosblättchen auf und belüftet sie mit einem Ventilator zur zusätzlichen Kühlung. Während der Belichtung muß gegebenenfalls das verdunstete Wasser in den Schalen ersetzt werden.

Nach etwa 1stündiger Belichtung befinden sich die Chloroplasten an denselben Stellen wie in der „Dunkellage" (siehe Abb. 46 c). Die durch die hohe Lichtintensität induzierte „Starklichtlage" unterscheidet sich von der „Dunkellage" nur dadurch, daß bei ihr in den Randzellen auch die Außenwand besetzt ist. Häufig reicht die verwendete Lichtintensität nicht aus, um in allen Zellen eine vollständige „Starklichtlage" zu induzieren; man findet dann einzelne Chloroplasten auch noch an der oberen oder unteren Wand.

Eine lichtabhängige Chloroplastenwanderung kommt bei vielen Pflanzen vor. Man unterscheidet, besonders nach der Lage der Chloroplasten im Dunkeln, Schwach- und Starklicht verschiedene Reaktionstypen (vgl. Senn, 1908). Ähnlich wie *Funaria* verhält sich unter anderem auch *Lemna*.

Literatur

Haupt, W.: Handbuch der Pflanzenphysiologie. Bd. XVII/1, S. 278—317. Berlin-Göttingen-Heidelberg: Springer 1959.
Senn, G.: Die Gestalts- und Lageveränderungen der Pflanzenchromatophoren. Leipzig: W. Engelmann 1908.
Voerkel, S. H.: Planta 21, 156—205 (1934).

Versuch 81

Chloroplastenverlagerung bei *Selaginella martensii*

Pflanzenmaterial: Eingetopfte Sprosse von *Selaginella martensii*.

Zubehör: Leuchtstoffröhren (z. B. Osram, Lichtfarbe 15; Philips, Lichtfarbe 55); Mikroskop; Präparierzeug.

Zeitbedarf: 5—6 Std.

Anatomische Verhältnisse

Im Gegensatz zu anderen Pteridophyten besitzen die Epidermis-Zellen der Blätter von *Selaginella* nur einen, im Verhältnis zur Zelle relativ großen Chloroplasten. Dieser verlagert sich bei verschiedenen Lichtbedingungen innerhalb der Zelle. Zur Untersuchung eignet sich die obere Epidermis der größeren „Unterblätter" am besten. An einem Querschnitt durch ein solches Blättchen ist der Bau dieser Schicht gut zu erkennen (siehe Abb. 47): Die Zellen sind becherförmig; der Chloroplast liegt entweder dem Boden der

Zelle an (Abb. 47 a; „Flächenstellung") oder einer der Seitenwände (Abb. 47 b „Profilstellung").

Ausführung

Die eingetopften Sprosse werden vorsichtig in die horizontale Lage gebogen und durch Drahtbügel, die in die Erde gesteckt werden, fixiert. Nun belichtet man einen Topf mit mehreren Sprossen senkrecht von oben mit

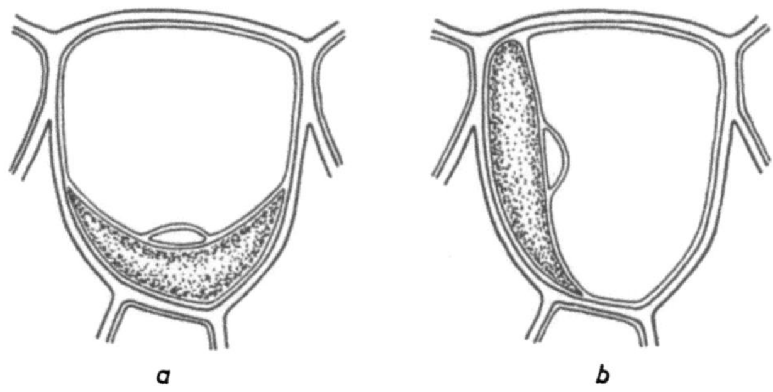

Abb. 47 a u. b. Schnitt durch die Zellen der oberen Epidermis von *Selaginella martensii* (schematisch). a Chloroplast am Boden der Zelle („Flächenstellung"); b Chloroplast an einer der Seitenwände („Profilstellung")

200 Lux, einen zweiten mit 10 000 Lux Weißlicht von Leuchtstoffröhren (z. B. Osram, Lichtfarbe 15; Philips „Lichtfarbe 55"); dabei müssen die Pflanzen durch Besprühen feucht gehalten werden, um besonders bei der höheren Intensität das Welken zu verhindern. Nach 4—5 Std fertigt man von den zweizeilig am Sproß sitzenden größeren „Unterblättern" Querschnitte an und untersucht an diesen die Lage der Chloroplasten in der oberen Epidermis.

Ergebnis

Bei der Belichtung mit 200 Lux liegen die meisten Chloroplasten in „Flächenstellung" (Abb. 47 a); diese entspricht also der „Schwachlichtlage". Licht von der höheren Intensität induziert bei 80—100% der Chloroplasten annähernd vollständige „Kantenstellung" = „Starklichtlage" (Abb. 47 b). Die „Dunkellage" entspricht, im Gegensatz zu den Verhältnissen bei *Funaria* (siehe Versuch 80), der „Schwachlichtlage"; sie wird allerdings von der „Starklichtlage" aus erst nach Tagen vollständig erreicht.

Die Chloroplastenbewegungen werden bei *Funaria* (siehe Versuch 80) und bei *Selaginella* vor allem durch blaues und langwelliges UV-Licht ausgelöst; *Selaginella* reagiert allerdings auch auf Rotlicht hoher Intensität mit einer Starklichtbewegung. Bei beiden Objekten läuft die Schwach- und die Starklichtbewegung nur während der Belichtung selbst ab; eine lichtinduzierte Fortsetzung der Chloroplastenverlagerung in anschließender Dunkelheit konnte nicht beobachtet werden.

Literatur

MAYER, F.: Z. Bot. **52**, 346—381 (1964).

V e r s u c h 8 2

Chloroplastendrehung bei *Mougeotia*

Pflanzenmaterial: Großzellige *Mougeotia*-Art (Anzucht siehe Anhang S. 132).

Zubehör: Petrischalen; Filtrierpapier; Leuchtstoffröhren (z. T. mit Reflektor, z. B. Osram, Lichtfarbe 15 oder Philips Lichtfarbe 55); schwarzes Papier; Mikroskop; Präparierzeug; grünes Sicherheitslicht (siehe Anhang S. 134).

Zeitbedarf: 6—8 Std.

a) Anatomische Verhältnisse

Die zylindrischen Zellen der fädigen Jochalge *Mougeotia* besitzen nur einen Chloroplasten, der die Gestalt einer rechteckigen Platte hat und sich in der Zelle um seine Längsachse drehen kann. Betrachtet man *Mougeotia*-Fäden unter dem Mikroskop, so kann man in bezug auf die Blickrichtung 2 Extremstellungen der Chloroplasten beobachten: Die „Flächenstellung" und die „Kantenstellung" (siehe Abb. 48 a und b).

b) Schwachlichtbewegung

Ausführung

Einige Fäden von *Mougeotia* werden auf einem Objektträger in einen Wassertropfen gelegt und mit einem Deckglas bedeckt; dann wird so viel Wasser abgesaugt, daß sich die Algen nicht mehr bewegen können, aber auch noch nicht zu stark gepreßt werden. Dieses Präparat legt man in eine Petrischale, deren Boden mit 2 Lagen von feuchtem Filtrierpapier bedeckt ist; unter den Algen wird ein Loch im Filtrierpapier ausgespart, damit beim Mikroskopieren das Präparat ungehindert von unten beleuchtet werden kann. Beim Belichten mit niedriger Intensität stellt sich der Chloroplast von *Mougeotia* senkrecht zur Richtung des einfallenden Lichts ein (Schwachlichtbewegung). Um diese Reaktion beobachten und quantitativ bestimmen zu können, muß die Ausgangsstellung der Chloroplasten in allen Zellen möglichst einheitlich sein; diese Stellung soll sich von der Endstellung soweit wie möglich unterscheiden.

Für die Schwachlichtbewegung geschieht dieses Ausrichten auf folgende Weise. Auf das Deckglas eines fertigen Präparates wird ein gleich großes Stück schwarzes Papier gelegt; dann belichtet man bei abgenommenem Petrischalendeckel von oben mit etwa 1000 Lux (Leuchtstoffröhre) 30 min lang. Bei dieser Versuchsanordnung wird das Licht hauptsächlich seitlich auf die Algen reflektiert. Nach dem Belichten werden die Präparate 40—60 min dunkel gestellt und dann mikroskopisch auf ihre Chloroplastenstellung geprüft. Alle Arbeiten werden in einer Dunkelkammer bei grünem Sicherheitslicht ausgeführt; zum Mikroskopieren wird das Licht der Mikroskoplampe möglichst weit abgeblendet und so gefiltert, daß die Algen nur von unwirksamem Grünlicht getroffen werden (z. B. Schottfilterkombination BG 18, VG 9 und OG 1, je 2 mm stark oder BG 18 und GG 14, je 2 mm stark). Durch Auszählen einiger Algenfäden stellt man fest, daß sich nach dieser Vorbehandlung 80—90% der Chloroplasten in Kantenstellung zur Blickrichtung befinden.

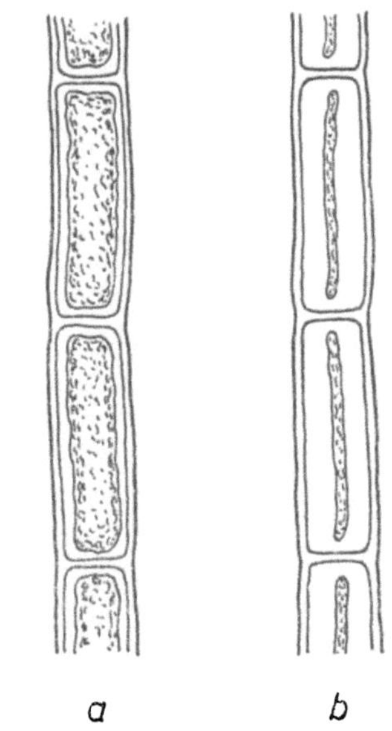

Abb. 48 a u. b. Stellung der Chloroplasten in den Zellen von *Mougeotia* (schematisch). a „Flächenstellung"; b „Profilstellung"

Zur Induktion der Schwachlichtbewegung werden mehrere Präparate sofort nach der mikroskopischen Kontrolle bei abgenommenem Petrischalendeckel 10 min lang durch eine Leuchtstoffröhre von oben mit etwa 2000 Lux belichtet; gegen seitlich einfallendes Streulicht werden die Schalen durch einen Zylinder aus schwarzem Papier abgeschirmt. Sofort nach der Belichtung und nach weiteren 40—60 min im Dunkeln werden in mehreren Präparaten die Zellen ausgezählt, in denen der Chloroplast Flächenstellung eingenommen hat; Zwischenstellungen werden anteilmäßig verrechnet.

Ergebnis

Während die Chloroplasten vor der Induktionsbelichtung in nur etwa 20% der Zellen Flächenstellung zeigten, liegt der Prozentsatz nach der Belichtung bei 30—50% und am Ende der anschließenden Dunkelzeit bei 80—90%; die Chloroplasten haben sich also senkrecht zu dem von oben einfallenden Licht eingestellt. Der Versuch zeigt, daß die Drehung im Gegensatz zur Chloroplastenverlagerung bei *Funaria* und *Selaginella* (Versuch 80 und 81) nicht nur während der Belichtung stattfindet, sondern auch in der anschließenden Dunkelperiode noch weiterläuft. Bei der Schwachlichtbewegung von *Mougeotia* läßt sich also Lichtinduktion und Bewegungsreaktion deutlich voneinander trennen. Der wirksame Spektralbereich ist Hellrot, als Lichtacceptor konnte das Phytochromsystem nachgewiesen werden (siehe Versuch 83).

c) *Starklichtbewegung*

Ausführung

Die Algenpräparate werden in der gleichen Weise wie für die Schwachlichtbewegung vorbereitet. Alle Arbeiten werden in der Dunkelkammer bei grünem Sicherheitslicht ausgeführt. Das Ausrichten der Chloroplasten in die Flächenstellung erfolgt dadurch, daß man die Präparate 10 min lang mit Leuchtstoffröhrenlicht von etwa 2000 Lux senkrecht von oben bestrahlt; durch Zylinder aus schwarzem Papier wird schräg einfallendes Streulicht weitgehend abgeschirmt. Die Algen verbleiben anschließend 40—60 min im Dunkeln und werden dann mikroskopisch (Grünlicht, siehe bei „Schwachlichtbewegung") auf die eingetretene Reaktion hin untersucht: 80—90% der Chloroplasten haben Flächenstellung erreicht. Sofort danach belichtet man die Proben 10—15 min lang mit Leuchtstoffröhrenlicht möglichst hoher Intensität; die erforderliche Lichtstärke (etwa 15 000 Lux) läßt sich durch Verwendung von Leuchtstoffröhren mit Reflektor und durch Verringerung des Abstands der Lichtquelle von Objekt auf wenige cm erreichen. Unmittelbar nach der Belichtung wird der Prozentsatz der Zellen ausgezählt, in denen die Chloroplasten Kantenstellung zeigen.

Ergebnis

Durch die Bestrahlung mit Licht hoher Intensität hat sich in 70—90% der Algenzellen der Chloroplast so gedreht, daß seine Fläche im Gegensatz zu der Schwachlichtstellung parallel zur Lichtrichtung orientiert ist: Kantenstellung. Diese Starklichtreaktion verläuft relativ schnell und nur während der Belichtung; sie wird durch blaues Licht ausgelöst, das Phytochromsystem ist aber zusätzlich an ihr beteiligt. Da Lichtempfindlichkeit und Reaktionsstärke des Algenmaterials z. T. erheblich schwanken, müssen die Versuche unter Umständen mehrmals wiederholt werden.

Literatur

HAUPT, W.: Planta **53**, 484—501 (1959).
— Ber. dtsch. Bot. Ges. **76**, 313—322 (1963).
MOSEBACH, G.: Planta **52**, 3—46 (1958).

Versuch 83

Antagonistische Wirkung von hellrotem und dunkelrotem Licht bei der Induktion der Chloroplastendrehung von *Mougeotia*

Pflanzenmaterial: Großzellige *Mougeotia*-Art (Anzucht siehe Anhang S. 132).

Zubehör: Bestrahlungsanlage (siehe unten); Petrischalen; Filtrierpapier; Mikroskop; Präparierzeug.

Zeitbedarf: 2—3 Std.

Ausführung

1. Herstellung von hell- und dunkelrotem Licht:

Die für den Versuch benötigten Spektralbereiche können in genügender Reinheit mit Hilfe eines Interferenzfilters (hellrot) bzw. eines Farbglases (dunkelrot) hergestellt werden; dazu ist die Verwendung von möglichst parallelem Licht notwendig. Für den geplanten Versuch genügt jedoch eine Lichtquelle mit gebündeltem Strahlengang, etwa ein Kleinbildprojektor oder eine Mikroskopierlampe mit Kondensor (z. B. „Monla"-Lampen von Leitz, Leuchten von Stereomikroskopen oder ähnliches). Die stärker divergierenden Randstrahlen schirmt man durch eine Lochblende (Durchmesser 5 cm) ab, die Wärmestrahlen werden durch ein Wärmeschutzfilter (z. B. KG 1 von Fa. Schott u. Gen.) absorbiert. Für hellrotes Licht (HR) verwendet man das Interferenzbandfilter AL 656 (Fa. Schott u. Gen.) oder das entsprechende Linienfilter; für dunkelrotes Licht (DR) reicht ein Farbglas aus (Anlaufglas RG 9, 3 mm Dicke, Fa. Schott u. Gen.). Die verwendeten Filter müssen durch einen kleinen Ventilator ständig gekühlt werden. Bei der Anordnung der Belichtungsanlage, die aus Abb. 49 zu ersehen

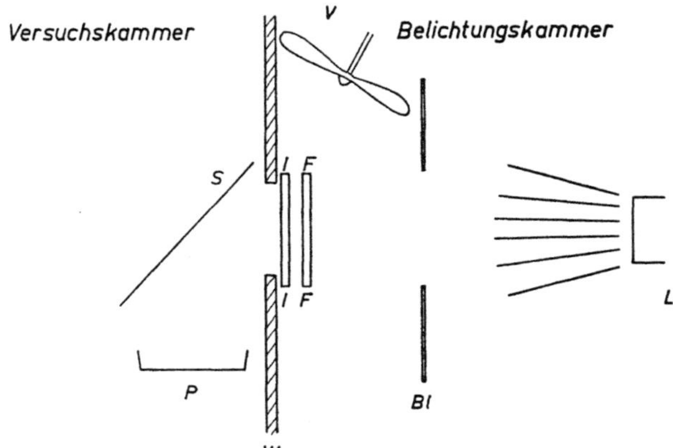

Abb. 49. Schema einer Bestrahlungsanlage mit Interferenzfiltern. *L* Lichtquelle; *Bl* Blende; *F* Wärmeschutzfilter; *I* Interferenzfilter; *V* Ventilator; *W* Wand zwischen Belichtungs- und Versuchskammer; *S* Spiegel; *P* Petrischale mit Algen

ist, muß dafür Sorge getragen werden, daß in die Versuchskammer nur monochromatisches Licht fällt. Dies kann man am einfachsten dadurch erreichen, daß man eine kleine Dunkelkammer durch eine schwarzgestrichene Sperrholzplatte in zwei Abteilungen trennt. In einem Raum steht die Lichtquelle mit ihren Filtern und sendet ihr Strahlenbündel durch eine 5 cm weite runde Öffnung in der Trennungswand in den anderen als Versuchskammer dienenden Raum. Hier werden die Strahlen durch einen schräg gestellten Spiegel nach unten auf eine horizontale Tischfläche gelenkt. Die Lichtintensität wird nach der in Versuch 48 beschriebenen Methode gemessen. Bei nicht zu großem Abstand (30—40 cm) zwischen Lampe und Interferenzfilter lassen sich mit dieser Anordnung je nach Lichtquelle Strahlungsintensitäten von 3000—10 000 erg/cm² · sec (gemessen dicht hinter dem Filter) erreichen.

2. Ausführung des Versuchs:

Von *Mougeotia* werden in der beim Versuch 82 beschriebenen Weise einige Objektträgerpräparate angefertigt und in feuchte Kammern (Petrischalen) gelegt. Dann führt man die Chloroplasten in Kantenstellung über und kontrolliert mikroskopisch den Erfolg der Reaktion (siehe Versuch 82 „Schwachlichtbewegung"). Sofort anschließend wird an je einem Präparat folgendes Belichtungsprogramm durchgeführt:

Gruppe 1   1 min HR
Gruppe 2   1 min HR, sofort anschließend 1 min DR
Gruppe 3   1 min HR — 1 min DR — 1 min HR
Gruppe 4   1 min DR

Das hellrote (HR) und dunkelrote (DR) Licht wird jeweils mit einer Intensität von 500 erg/cm² · sec eingestrahlt. 40—60 min nach Beendigung der Belichtung bestimmt man mikroskopisch den Prozentsatz der Zellen, in denen die Chloroplasten Flächenstellung zeigen.

Ergebnis

Bei der in diesem Versuch induzierten Chloroplastenreaktion handelt es sich um die sog. „Schwachlichtbewegung" (siehe Versuch 82). Während nach dem Ausrichten nur etwa 20⁰/₀ der Chloroplasten Flächenstellung zeigen, erhöht sich der Prozentsatz durch HR-Bestrahlung auf 70—80⁰/₀ (Gruppe 1). Die Induktionswirkung von hellrotem Licht kann aber durch sofort anschließende DR-Bestrahlung wieder annähernd aufgehoben (Gruppe 2: 30 bis 40⁰/₀ in Flächenstellung), und durch eine weitere HR-Belichtung erneut wiederhergestellt werden (Gruppe 3); die Aufhebung durch DR geht nur bis zu dem Wert, der durch DR-Belichtung allein ebenfalls erreicht wird (Gruppe 4). Da, wie schon beim vorigen Versuch erwähnt, Lichtempfindlichkeit und Reaktionsstärke des Algenmaterials z. T. erheblich schwanken, muß auch dieser Versuch unter Umständen mehrmals wiederholt werden.

Das Versuchsergebnis zeigt, daß der für die Induktion der Schwachlichtbewegung verantwortliche Spektralbereich das Hellrot ist und daß dunkelrotes Licht antagonistisch wirkt. Wie die Versuchsgruppe 3 zeigt, handelt es sich dabei offenbar um ein reversibles System; als solches kommt das von vielen entwicklungsphysiologischen Prozessen her bekannte Hellrot-Dunkelrotsystem (Phytochromsystem) in Frage.

Literatur

Haupt, W.: Planta **53**, 484—501 (1959).

G. Taxien

Versuch 84

Aerotaxis von Bakterien

Pflanzenmaterial: Für diesen Versuch sind bewegliche, aerobe Bakterien erforderlich. Besonders gut eignen sich *Pseudomonas*-Arten wie z. B. *Ps. fluorescens, aeruginosa* oder *viscosa*. Der höchste Prozentsatz gut beweglicher Organismen läßt sich aus Kulturen in der logarithmischen Phase ihres Wachstums gewinnen (Anzucht siehe Anhang S. 133).

Zubehör: Phasenkontrast-Mikroskop; Präparierzeug; Paraffin.

Zeitbedarf: etwa 1 Std.

Ausführung

Von einer nicht zu dichten Flüssigkeitskultur von *Pseudomonas* (bei Bedarf Verdünnung mit m/15 Phosphatpuffer pH 7,0) wird ein Tropfen auf einen Objektträger gebracht und das Deckglas so aufgelegt, daß in der Flüssigkeit einige kleinere Luftblasen mit eingeschlossen sind. Zur Vermeidung von unerwünschten Strömungen und zum Sauerstoffabschluß umrandet man das Deckglas luftdicht mit geschmolzenem Paraffin. Unter dem Mikroskop wird nun bei mittlerer Vergrößerung (300- bis 500fach) das Verhalten der Bakterien 10—30 min lang beobachtet.

Ergebnis

Bereits nach wenigen Minuten beginnen die lebhaft beweglichen Bakterien sich um die Luftblasen herum anzusammeln. Nach etwa 10—20 min ist deutlich zu erkennen, daß die Dichte ihrer Suspension an der Grenze der Luftblasen am höchsten ist und mit zunehmender Entfernung drastisch abnimmt; unter günstigen Bedingungen verbleiben dann fast sämtliche beweglichen Bakterien in der unmittelbaren Nähe der Luftblasen.

Der für die Ansammlung der Organismen verantwortliche Reiz ist der Sauerstoffgehalt der Luftblase (siehe auch Versuch 85). Die untersuchten Bakterien sind aber nicht in der Lage, die erstrebte Konzentration durch eine *gerichtete* Schwimmbewegung aktiv aufzusuchen, sie bewegen sich nicht direkt „topisch" (PFEFFER, 1904) auf die Reizquelle hin. Wie eine genaue Beobachtung des Verhaltens der Bakterien zeigt, kommt die Ansammlung vielmehr dadurch zustande, daß die meisten Zellen vor dem Verlassen einer optimalen Sauerstoffkonzentration, in die sie *zufällig* gekommen sind, „zurückschrecken"; sie ändern ihre Bewegungsrichtung, wenn sie an einer bestimmten unteren Grenze der O_2-Konzentration angelangt sind, nicht aber dann, wenn sie von der niedrigeren in die höhere Konzentration geraten. Der Bereich der höheren Konzentration wirkt dadurch als „Falle", aus der die Organismen schließlich nicht mehr entkommen können. Diese Reaktionsweise nennt man nach PFEFFER (1904) „phobisch". Bei der

„Phobotaxis" ist also nicht die Reiz*richtung*, sondern der Übergang in einen Bereich nicht optimaler Reizintensität der bestimmende Faktor für die Bewegungsrichtung.

Literatur

PFEFFER, W.: Pflanzenphysiologie, 2. Aufl., Bd. 2. Leipzig: W. Engelmann 1904.
ZIEGLER, H.: Handbuch der Pflanzenphysiologie. Bd. XVII/2, S. 484—532. Berlin-Göttingen-Heidelberg: Springer 1962.

Versuch 85

Anlockung von Bakterien durch grüne Algen im Licht
(Versuch von ENGELMANN)

Pflanzenmaterial: *Pseudomonas*-Kultur (siehe Versuch 84); einzellige Grünalge (z. B. *Chlorella* oder *Chlorococcus*).

Zubehör: Phasenkontrast-Mikroskop; Präparierzeug; Paraffin.

Zeitbedarf: etwa 1 Std.

Ausführung

Von einer mit m/15 Phosphatpuffer (pH 7,0) verdünnten Kultur von *Pseudomonas* wird ein Tropfen auf einen Objektträger gebracht und so viel von einer sehr verdünnten Suspension von einzelligen Grünalgen zugegeben, daß sich im Präparat nur wenige Algenzellen befinden. Dann wird ein Deckglas luftblasenfrei aufgelegt, und zum Sauerstoffabschluß mit Paraffin umrandet. Man stellt nun bei mittlerer Mikroskopvergrößerung (300- bis 500fach) das Präparat so ein, daß eine einzelne Alge in der Mitte des Blickfeldes liegt und beobachtet bei nicht zu heller Beleuchtung das Verhalten der Bakterien 5—10 min lang.

Ergebnis

Schon wenige Minuten nach dem Einstellen des Präparates sammeln sich die lebhaft beweglichen Bakterien um die Alge an. Daß dafür der von der photosynthetisch aktiven Alge ausgeschiedene Sauerstoff verantwortlich ist, läßt sich auf folgende Weise zeigen: Man schaltet die Mikroskopbeleuchtung aus und verdunkelt das Präparat noch zusätzlich durch Abdecken des Mikroskops mit einem Dunkelsturz oder einem schwarzen Tuch. Nach etwa 10 min wird die Beleuchtung wieder eingeschaltet; die Bakterien, die sich während der Dunkelheit über das ganze Gesichtsfeld verteilt hatten, sammeln sich im Verlauf von einigen Minuten erneut um die Alge an.

Bei dieser Versuchsanordnung ist die „phobische" Reaktionsweise (siehe Versuch 84) besonders schön zu beobachten.

Literatur

ENGELMANN, TH. W.: Bot. Ztg. **39**, 441—448 (1881).
ZIEGLER, H.: Handbuch der Pflanzenphysiologie. Bd. XVII/2, S. 484—532. Berlin-Göttingen-Heidelberg: Springer 1962.

Versuch 86

Chemotaxis von Bakterien

Pflanzenmaterial: Siehe Versuch 84.

Zubehör: Phasenkontrast-Mikroskop; Präparierzeug; Paraffin; Glasrohr; Bunsenbrenner; 2%ige Hefeextrakt-Lösung (aufgekocht und filtriert); Zentrifuge.

Zeitbedarf: etwa 1 Std.

Ausführung

Aus einem Glasrohr wird eine möglichst feine Capillare gezogen und in etwa 3 cm lange Stücke zerteilt. Capillarstücke, bei denen das eine Ende möglichst gerade gebrochen ist, (Kontrolle mit der Lupe) werden am anderen Ende zugeschmolzen und sofort mit der Öffnung in eine 2%ige Hefeextraktlösung gehalten; beim Erkalten wird die Lösung in die Capillare eingesaugt.

Aus einer lebhaft wachsenden *Pseudomonas*-Kultur werden die Bakterien vorsichtig abzentrifugiert (5 min bei 5000—8000 Umdrehungen/min) und in so viel m/15 Phosphatpuffer (pH 7,0) aufgenommen, daß die Suspensionsdichte nicht zu groß ist. Von dieser Suspension bringt man einen Tropfen auf einen Objektträger und legt ein Deckglas luftblasenfrei auf. Dann schiebt man eine gefüllte Capillare mit der Pinzette (um ein Austreten von Flüssigkeit aus der Capillare durch ihre Erwärmung beim Anfassen mit den Fingern zu vermeiden) so unter das Deckglas, daß ihr offenes Ende etwa in der Mitte des Präparates zu liegen kommt. Das Präparat wird mit geschmolzenem Paraffin luftdicht abgeschlossen und unter dem Mikroskop (300- bis 500fache Vergrößerung) 10—15 min beobachtet.

Ergebnis

Die Bakterien sammeln sich innerhalb von 5—15 min um die Capillaröffnung an und dringen z. T. sogar in die Capillare ein. Die Ansammlung kommt durch die phobotaktische Reaktion (siehe Versuch 84) der Bakterien auf den chemischen Reiz des Hefeextrakts zustande. Auch zahlreiche andere Stoffe (z. B. Pepton, aber auch Alkalisalze) haben sich als chemotaktisch aktiv erwiesen; die Wirkung kann dabei je nach dem Reizmittel und seiner Konzentration entweder positiv (Anlockung) oder negativ (Abstoßung) sein.

Literatur

Pfeffer, W.: Pflanzenphysiologie, 2. Aufl., Bd. 2. Leipzig: W. Engelmann 1904.
Ziegler, H.: Handbuch der Pflanzenphysiologie. Bd. XVII/2, S. 484—532. Berlin-Göttingen-Heidelberg: Springer 1962.

9*

Versuch 87

Phototaxis von *Rhodospirillum*

Pflanzenmaterial: *Rhodospirillum rubrum* (Anzucht siehe Anhang S. 133).

Zubehör: Phasenkontrast-Mikroskop; Präparierzeug; Paraffin.

Zeitbedarf: etwa 30 min.

Ausführung und Ergebnis

Von einer Flüssigkeitskultur von *Rhodospirillum rubrum* wird ein Tropfen auf einen Objektträger gebracht; sodann legt man ein Deckglas luftblasenfrei auf und umrandet es zum Sauerstoffabschluß mit Paraffin (anaerobe Bedingungen fördern die Beweglichkeit der Bakterien). Die folgenden Versuche werden unter dem Phasenkontrast-Mikroskop bei 300- bis 500facher Vergrößerung durchgeführt; damit die Bakterien nur vom Licht der Mikroskoplampe getroffen werden, schirmt man das Präparat gegen die Raumbeleuchtung durch eine Blende aus schwarzem Papier weitgehend ab.

a) „Lichtfallen"-Versuch: Man sucht zunächst im Präparat eine Stelle, an der die Spirillen im Gesichtsfeld gleichmäßig verteilt sind. Dann schließt man die Irisblende so weit, daß nur noch in der Mitte ein kleiner Kreis stärker beleuchtet wird, die Ränder des Gesichtsfeldes aber mehr oder weniger dunkel bleiben, und schätzt die ungefähre Anzahl der Individuen, die sich im Lichtfeld befinden. In den folgenden 3—5 min wird die Zunahme der Bakterienzahl innerhalb der beleuchteten Fläche beobachtet. Wenn die Ansammlung dicht genug geworden ist, öffnet man schnell die Irisblende wieder vollständig und erkennt dann deutlich ein rundes Feld hoher Zelldichte in der fast leeren umgebenden Zone. Diese Anordnung bleibt allerdings nur für Sekunden erhalten, weil sich die Spirillen wieder bald über das nun gleichmäßig ausgeleuchtete Gesichtsfeld verteilen.

Die Ansammlung der Bakterien in der „Lichtfalle" beruht auf ihrer photo-phobotaktischen Reaktionsweise: Sie behalten ihre Schwimmrichtung bei einem Übergang vom Dunkeln ins Helle bei, reagieren aber auf eine plötzliche Abnahme der Lichtintensität mit einer Umkehrung ihrer Bewegungsrichtung (siehe auch Versuch 84). Diese „Schreck-Reaktion" der Rhodospirillen ist bei der folgenden Versuchsanordnung gut zu sehen:

b) Ein schwarzes Papier wird so unter den Objektträger geschoben, daß dadurch die eine Hälfte des Gesichtsfeldes verdunkelt wird. Man beobachtet nun diejenigen Bakterien, die im hellen Teil auf die Hell-Dunkel-Grenze zuschwimmen: Sobald sie mit ihrem Vorderende in die dunkle Zone geraten, kehrt sich ihre Bewegungsrichtung um. Bei schwächerer Vergrößerung entsteht dadurch der Eindruck eines „Zurückprallens".

Literatur

CLAYTON, R. K.: Handbuch der Pflanzenphysiologie. Bd. XVII/1, S. 371—387.
Berlin-Göttingen-Heidelberg: Springer 1959.
ENGELMANN, T. W.: Pflügers Arch. **30**, 95—124 (1883).
— Bot. Ztg. **46**, 661—669 (1888).
METZNER, P.: Jb. wiss. Bot. **59**, 325—412 (1920).

Versuch 88

Phototaxis von *Euglena*

Pflanzenmaterial: *Euglena gracilis* oder *viridis* (Anzucht siehe Anhang
S. 133).

Zubehör: Spiegelglascuvette (etwa 10 × 10 × 3 cm); schwarzes Papier;
Klebstoff.

Zeitbedarf: etwa 1 Std.

Ausführung

Aus schwarzem Papier wird eine Verdunkelungskappe hergestellt, die
sich leicht über die Versuchscuvette stülpen läßt, ihr dabei aber noch möglichst eng anliegt. Aus der Mitte einer der beiden Schmalseiten schneidet
man einen senkrechten Schlitz von etwa der halben Breite der Cuvette heraus. Das Gefäß wird nun mit einer nicht zu dichten *Euglena*-Suspension
gefüllt (Verdünnung mit abgestandenem Leitungswasser), mit der Verdunkelungskappe bedeckt und so vor eine nicht zu intensive Lichtquelle (Fenster ohne Sonneneinstrahlung, Mikroskopierleuchte, Glühlampe) gestellt,
daß das durch den Schlitz einfallende Licht die Cuvette möglichst parallel
zu den Längswänden durchstrahlt. Die Lichtintensität an der Vorderwand
soll etwa 200—1000 Lux betragen (siehe Abb. 50).

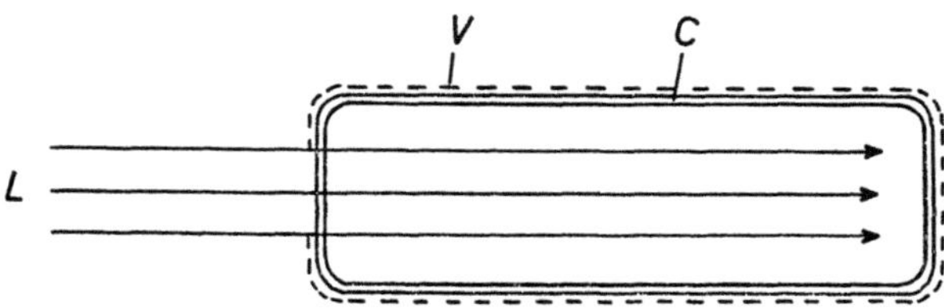

Abb. 50. Anordnung des Versuchs 88. *C* Spiegelglascuvette; *V* Verdunkelungskappe; *L* Licht

Ergebnis

Bereits nach 10—15 min beginnen sich die Algen an der dem Licht zugewandten Wand der Cuvette anzusammeln; nach 30—60 min hat sich hier
ein tiefgrüner Streifen von der Form des Lichtschlitzes gebildet, während
der übrige Gefäßinhalt nur noch leicht grün gefärbt ist. Der größte Teil der
Euglenen hat sich also an der der Lichtquelle am nächsten liegenden Wand
der Cuvette angesammelt. — *Euglena* zeigt einen deutlichen tagesperiodi-

schen Rhythmus ihres phototaktischen Reaktionsvermögens (POHL, 1948); der Versuch gelingt am besten in der Zeit zwischen 10 und 17 Uhr, wenn die Algen im normalen Licht-Dunkel-Wechsel angezogen wurden.

Die phototaktische Ansammlung beruht bei dieser Versuchsanordnung nicht wie bei den in den Versuchen 84—87 untersuchten Taxien auf einem „phobischen" (Erklärung bei Versuch 84), sondern auf einem „topischen" Reaktionsmechanismus. Die *Euglenen* sind wie viele Flagellaten und Schwärmer in der Lage, die Licht*richtung* zu perzipieren und ihre Bewegung unmittelbar danach zu orientieren; sie sind aber außerdem meist auch zu Schreckreaktionen befähigt. Ob die Topotaxis dadurch zustande kommt, daß das Basalkorn der Geißel bei der Rotation der Zelle um ihre Längsachse durch den „Augenfleck" periodisch beschattet wird, ist noch nicht endgültig geklärt; Phobo- und Topotaxis scheinen in den untersuchten Fällen durch 2 getrennte Reizaufnahmesysteme gesteuert zu werden.

Literatur

BUDER, J.: Jb. wiss. Bot. 58, 105—220 (1917).
HAUPT, W.: Handbuch der Pflanzenphysiologie. Bd. XVII/1, S. 318—370. Berlin-Göttingen-Heidelberg: Springer 1959.
POHL, R.: Z. Naturforsch. 3b, 367—374 (1948).

Anhang

A. Anzucht von Versuchspflanzen

1. *Helianthus*-Keimpflanzen

Zeitbedarf: 6 Tage.

Körner von *Helianthus annuus* (Sonnenblume) werden nach etwa gleicher Größe ausgelesen und in großen Petrischalen auf feuchtem Filtrierpapier zum Keimen ausgelegt. Die Schalen bleiben 24 Std bei Zimmertemperatur und werden anschließend 12 Std in einen Thermostaten bei 28° gestellt. Körner, die nach dieser Zeit eine aus der Schale hervorbrechende Keimwurzel zeigen, werden in kleine, mit Gartenerde gefüllte runde Glas- oder Kunststoffgefäße (Höhe 40 mm, Durchmesser 20 mm) eingepflanzt. Die weitere Anzucht erfolgt in einem temperaturkonstanten Raum (20—22°) bei etwa 70% relativer Luftfeuchtigkeit und künstlicher Beleuchtung mit Leuchtstoffröhren (z. B. Osram, Lichtfarbe 21; Philips, Lichtfarbe 29 oder 32); die Lichtintensität in der Höhe der Pflanzen soll 3000—5000 Lux betragen, die Licht-Dunkel-Periode 14 : 10 Std. Die Erde muß regelmäßig gegossen werden, soll aber nicht zu naß sein. 6 Tage nach der Aussaat haben die Keimpflanzen ein etwa 50 mm langes Hypokotyl entwickelt und können zu den Versuchen verwendet werden.

2. *Avena*-Koleoptilen

Zeitbedarf: 4—5 Tage.

Zur Erzielung möglichst gleichmäßiger Versuchsergebnisse empfiehlt es
sich, immer die gleiche Hafersorte zu verwenden. Bewährt haben sich verschiedene Hochzuchtrassen, z. B. Siegeshafer I und II aus Svalöf, Flämings
Gold usw.

Je 3 Körner werden in runde Glas- oder Kunststoffgefäße (40 mm hoch,
20 mm weit) mit feuchtem Sägemehl eingepflanzt; das Sägemehl soll nicht
zu naß sein, da sonst die Körner verschimmeln. Die Gefäße kommen in
einen Thermostaten bei 25° und möglichst hoher Luftfeuchtigkeit. Nach
dem Heraustreten der Koleoptilen (meist nach 60—72 Std) werden die
Pflanzen 2 Stunden mit Rotlicht (z. B. Leuchtstoffröhren Philips TL 40 W/
15, A 032) bestrahlt, um ein Auswachsen des Mesokotyls zu verhindern.
Danach verbleiben die Keimlinge wieder im Dunkelbrutschrank, bis sie die
gewünschte Länge erreicht haben. Von den Koleoptilen in jedem Kulturgefäß wird die geeignetste (etwa 25 mm lang, völlig gerade, das Primärblatt
soll die Koleoptile nicht ganz ausfüllen) verwendet, die beiden anderen
werden abgeschnitten.

3. Mais-Koleoptilen

Zeitbedarf: 4—5 Tage.

Körner einer Hochzuchtrasse von *Zea mays* werden etwa 1 Tag lang in
schwach fließendem Leitungswasser gequollen. Dann werden sie in Tonschalen mit feuchtem Sägemehl oder feinen Sägespänen ausgelegt; das Sägemehl
soll nicht zu naß sein, da sonst die Körner verschimmeln. Die Schalen stellt
man in einen Dunkelthermostaten bei etwa 25° C und möglichst hoher
Luftfeuchtigkeit. Die jungen Pflanzen werden täglich etwa 1 Std lang mit
Rotlicht (z. B. Leuchtstoffröhren Philips TL 40 W/15, A 032) bestrahlt,
um ein zu starkes Auswachsen des Mesokotyls zu verhindern. Nach 3—4
Tagen im Brutschrank haben die Koleoptilen die gewünschte Länge von
3—4 cm erreicht.

4. Junge *Phaseolus*-Pflanzen

Zeitbedarf: 2—3 Wochen.

Um möglichst gleichmäßige Versuchspflanzen zur Verfügung zu haben,
empfiehlt es sich, eine Hochzuchtrasse (reine Linie) von *Phaseolus multi-*
florus (Feuerbohne) zu verwenden. Die Samen werden über Nacht in Leitungswasser eingequollen und dann einzeln mit dem „Nabel" nach unten
in Tontöpfchen (Durchm. 8—10 cm) mit Gartenerde eingesetzt. Man stellt
die Töpfe am besten in ein warmes, helles Gewächshaus oder in einen An-

zuchtraum mit heller Beleuchtung und hält die Erde immer gut feucht aber nicht zu naß. Will man Pflanzen mit möglichst gleichmäßigen Primärblättern erzielen (für Blattbewegungsversuche), so schneidet man die Gipfelknospe nach der Entfaltung der Primärblätter (10—14 Tage nach dem Auspflanzen) ab und entfernt auch laufend die austreibenden Achselknospen. Nach 2—3 Wochen sind die Primärblätter ausgewachsen und können dann 1—2 Wochen lang zu Versuchen verwendet werden.

5. *Pilobolus*

Zeitbedarf: 6—10 Tage.

a) Frischer Pferdemist wird in kleinen Portionen auf einigen Petrischalen (Durchmesser 5—6 cm) verteilt. Über die Schalen stülpt man eine mit nassem Filterpapier ausgekleidete Glasglocke und läßt sie bei etwa 25° in diffusem Licht stehen. Durch Begießen mit dest. Wasser (in Glasgefäßen destilliert) wird das Substrat feucht gehalten. Nach 6—8 Tagen hat sich auf den Kulturen eine genügende Anzahl reifer Sporangien entwickelt.

b) An Stelle von Pferdemist kann auch ein Nährboden von folgender Zusammensetzung verwendet werden:

0,45% Ammoniumacetat	0,2% Stärke
0,2% Biomalz	2,0% Agar

Zum Ansetzen wird „Mais-Wasser" verwendet, das man folgendermaßen herstellt: Etwa 30 g Maisschrot werden mit 1 l dest. Wasser (in Glasgefäßen destilliert) übergossen und gut umgeschüttelt; nach 6—12stündigem Stehen wird das Wasser abgegossen und filtriert.

Der Nährboden wird dann sterilisiert und unter sterilen Bedingungen in Petrischalen (Durchmesser 5—6 cm) so ausgegossen, daß die Schalen bis etwa 5 mm unter ihrem Rand gefüllt sind. Nach dem Abkühlen beimpft man das Substrat mit Mycelstückchen oder mit steril aufgefangenen Sporangien und stellt die Platten bei etwa 25° in diffusem Licht auf.

6. *Mougeotia*

Die Algen werden am zweckmäßigsten in Petrischalen (Durchmesser 9 cm) kultiviert. Jede Schale wird mit 10—15 ml Nährlösung beschickt, die alle 2—3 Tage erneuert werden muß. Als Nährmedium kann man filtriertes Standortswasser (Teichwasser) verwenden.

Noch besser bewährt hat sich die folgende Lösung (nach MÜLLER, vgl. SCHÖNBOHM, Z. Bot. **51**, 233—276 [1963]):

200 g trockene Lauberde werden mit 750 ml aqua bidest. innerhalb von 48 Std 3mal autoklaviert. Nach dem Filtrieren werden 50 ml des Filtrats mit aqua bidest. auf 1000 ml aufgefüllt und je Liter 50 mg Na_2HPO_4 und 50 mg $NaNO_3$ zugesetzt.

Die Anzucht soll unter möglichst konstanten Licht- und Temperaturbedingungen erfolgen; als günstig hat sich eine Temperatur von 20—22°
und eine Belichtung von täglich 14 h mit Glühlampenlicht von etwa 100
Lux erwiesen.

7. *Pseudomonas*-Arten

Zeitbedarf: Mehrere Stunden.

In 100 ml-Erlenmeyerkolben werden 30 ml Nährlösung folgender Zusammensetzung eingefüllt:

0,3% Hefeextrakt, 0,5% Pepton, 0,3% Glucose, 0,1% K_2HPO_4,
0,1% NaCl.

Den pH-Wert stellt man vor dem Sterilisieren mit verdünnter NaOH
bzw. HCl auf etwa 7,2 ein und autoklaviert die Kolben dann 20 min lang.
Bebrütet wird bei etwa 25° C; die Bakterien befinden sich etwa 2—5 Std
nach dem Animpfen in ihrer logarithmischen Wachstumsphase.

8. *Rhodospirillum rubrum*

Zeitbedarf: Mehrere Tage.

Eine 1%ige Lösung von Hefeextrakt in Leitungswasser (kupferfrei)
wird aufgekocht, filtriert und in Flaschen (Inhalt etwa 250 ml) mit Schliffstopfen oder dicht schließendem Schraubdeckel eingefüllt. Die Flaschen werden zunächst mit Wattestopfen verschlossen und dann autoklaviert oder an
2 aufeinanderfolgenden Tagen in strömendem Dampf sterilisiert. Die
Schliffstopfen oder Schraubdeckel müssen mitsterilisiert werden (eingepackt
in Papier oder Aluminiumfolie), außerdem weitere 50 ml Nährlösung in
einem Erlenmeyerkolben. Nach dem Abkühlen werden die Flaschen beimpft
und dann bis zum Rand mit Nährlösung gefüllt; schließlich wird der
Schliffstopfen oder Schraubdeckel möglichst luftblasenfrei aufgesetzt (Si-
cherung weitgehend anaerober Bedingungen!). Die Kulturen stellt man in
etwa 20 cm Abstand um eine Glühbirne auf; nach mehreren Tagen haben
sich gut bewegliche Spirillen in genügender Menge entwickelt (mikroskopische Kontrolle!)

9. *Euglena*

Zeitbedarf: 2—3 Wochen.

3—4 Stückchen (etwa je 1 ccm) Emmentaler Käse werden in ein Becherglas (etwa 400 ml, breite Form) gelegt und bis zur halben Höhe des Glases
mit gewaschenem Sand bedeckt. Dann wird das Glas bis 2 cm unter den
Rand mit abgestandenem Leitungswasser gefüllt und einige Zeit im kochen-

den Wasserbad erhitzt. Nach dem Abkühlen wird das Becherglas mit einer Roh- oder Reinkultur von *Euglena gracilis* oder *viridis* beimpft und ohne Deckel in diffusem Licht (Nordfenster, Anzuchtraum) aufgestellt. Im Laufe von 2—3 Wochen hat sich eine dichte Suspension von lebhaft beweglichen Zellen entwickelt. Das verdunstete Wasser muß in regelmäßigen Abständen ersetzt werden; außerdem empfiehlt es sich, eine meist auftretende Kahmhaut gelegentlich zu entfernen.

Will man die *Euglena*-Kultur über längere Zeit weiterziehen, so muß der Ansatz mindestens alle 3 Wochen erneuert werden, da sich sonst die immer vorhandenen Bakterien zu stark vermehren; als Impfmaterial verwendet man dabei die alte Zellsuspension.

B. Herstellung von grünem Sicherheitslicht

Phototropische Krümmungen werden unmittelbar nur durch den violetten und blauen Anteil des Lichts ausgelöst. Zur Dunkelkammerbeleuchtung wurde deshalb bisher meist das tropistisch unwirksame Rotlicht verwendet. In den letzten Jahren durchgeführte Untersuchungen haben jedoch gezeigt, daß rotes Licht zwar keine Krümmungen induziert, daß es aber das Ausmaß der Bewegungsreaktionen merklich beeinflußt; diese Wirkung beschränkt sich nicht nur auf den Phototropismus, sie konnte z. B. auch beim Geotropismus festgestellt werden. Das für die Perzeption des Rotlichts verantwortliche Pigment ist sehr wahrscheinlich das Phytochromsystem.

Will man tropistisch wirksames Licht ausschließen und außerdem auch eine photische Beeinflußung der Reaktionsstärke über das Phytochromsystem vermeiden, so muß man bei Grünlicht von einem möglichst engen Spektralbereich arbeiten. Solches „grünes Sicherheitslicht" läßt sich auf folgende Weise relativ einfach herstellen:

a) Raumbeleuchtung

Eine grüne Leuchtstoffröhre (Philips TL 40 W/17) wird in einen lichtdichten Blechkasten eingebaut, dessen eine Seite offen ist und eine Halterung zum Einsetzen von Farbfiltern besitzt. Als Lichtfilter haben sich folgende Kombinationen bewährt:

1. Uvilexglas (Deutsche Spiegelglas AG, Grünenplan) zusammen mit 2—3 Schichten Cellonfolie „S" H9/882 (Dynamit Nobel AG),
Durchlässigkeitsbereich etwa 520—600 nm, Maximum bei etwa 555 nm.

2. Eine dreiteilige Plexiglaskombination in der Anordnung orange (Nr. 478) — grün (Nr. 701) — orange (Nr. 478) (Fa. Röhm und Haas GmbH, Darmstadt),
Durchlässigkeitsbereich etwa 530—610 nm, Maximum bei etwa 560 nm.

Da selbst das auf diese Weise gewonnene Licht noch geringe Mengen von physiologisch wirksamen Wellenbereichen enthält, soll die Beleuchtungsstärke am Arbeitsplatz nur so groß sein, daß sie noch ein sicheres Arbeiten ermöglicht.

b) Herstellung von Schattenbildern oder Photogrammen

Da für diesen Zweck eine möglichst punktförmige Lichtquelle notwendig ist, verwendet man anstelle von Leuchtstoffröhren besser Glühlampen:

Eine weiße Glühlampe (60—100 Watt) wird in einen lichtdichten Blechkasten eingebaut, dessen eine Seite ein Fenster mit einem Rahmen zum Einsetzen von Filtern besitzt. Als Lichtfilter können auch hier die im Abschnitt a) angeführten Kombinationen verwendet werden.

Sachverzeichnis

Herstellung: Konrad Triltsch, Graphischer Betrieb, Würzburg